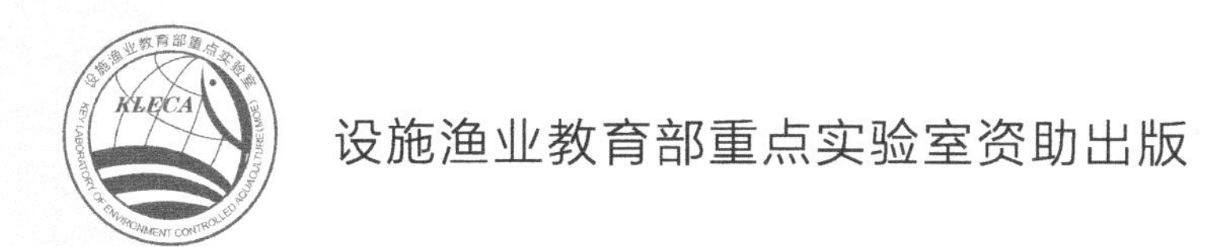

设施渔业教育部重点实验室资助出版

典型全氟化合物的神经毒性研究

Neurotoxicity of Perfluorinated Compounds

倩　王玉　著

化学工业出版社
·北京·

内容简介

本书从典型全氟化合物在环境中的污染特征及毒性效应入手，结合行为生理、蛋白质与基因表达、电生理等多个方面的研究阐述其神经毒性作用机制，系统研究了典型全氟化合物暴露与大鼠学习记忆能力、神经退行性疾病的联系，可为全氟化合物神经毒性研究提供理论参考。

本书可供环境毒理、公共健康与卫生领域的科研人员和全氟化合物替代物研发人员等参考，也可供高等院校生命科学、环境毒理学、应用化学等相关专业的学生阅读。

图书在版编目（CIP）数据

典型全氟化合物的神经毒性研究/张倩，王玉著．—北京：化学工业出版社，2022.1（2024.4重印）

ISBN 978-7-122-40211-0

Ⅰ.①典…　Ⅱ.①张…②王…　Ⅲ.①氟化合物-神经毒性-研究　Ⅳ.①O613.41

中国版本图书馆CIP数据核字（2021）第224525号

责任编辑：冉海滢　刘亚军　　装帧设计：王晓宇

责任校对：田睿涵

出版发行：化学工业出版社（北京市东城区青年湖南街13号　邮政编码100011）

印　　装：涿州市般润文化传播有限公司

710mm×1000mm　1/16　印张10　字数168千字　2024年4月北京第1版第3次印刷

购书咨询：010-64518888　　售后服务：010-64518899

网　　址：http://www.cip.com.cn

凡购买本书，如有缺损质量问题，本社销售中心负责调换。

定　　价：88.00元

前言

PREFACE

全氟化合物（PFCs）是近年来受到广泛关注的一类重要新型持久性有机污染物，其理化性质极其稳定，且具有多种毒性、生物富集性和远距离迁移性。其中，全氟辛烷磺酸化合物（PFOS）是最受关注且研究较为透彻的一种典型全氟化合物。自2009年PFOS被列入《斯德哥尔摩公约》，已在多国限制或禁止生产使用，但在某些生产领域仍在持续使用，包括直接向环境中排放的泡沫灭火剂和杀虫剂。许多研究表明，PFOS能够通过血脑屏障对发育神经系统造成影响，抑制仔鼠学习记忆能力，影响大鼠自发性行为和探索能力等，PFOS暴露对胎儿和新生儿的潜在健康危害，已经引起环境毒理学领域的广泛重视。近年来，全氟化合物替代品生产应用的快速发展，使得大量短碳链及插入氮、氧等杂原子的全氟/多氟磺酸类化合物的环境水平升高，然而相关的毒理学研究极其有限，环境健康风险未知。目前，全氟化合物在世界各国非职业性暴露人群血清中普遍存在。毒理学研究已证明全氟化合物是一种神经毒物，已观察到全氟化合物暴露能够造成成年小鼠轻微的活动能力障碍或出现学习记忆能力的变化、斑马鱼的游动行为频繁、草履虫的游动能力受到抑制，然而其发育神经毒性效应和机理研究仍较为有限。

全氟化合物的人体健康效应受到了环境毒理学、公共健康与卫生、职业流行性病调查等多个专业的高度关注。本书对目前全氟化合物的污染状况、毒性效应研究进行了综合论述，重点针对PFOS的神经毒性机制进行论述，并对全氟化合物的替代品的研究进展进行阐释。编者团队多年来从行为生理、蛋白质与基因表达、电生理等多个层次，开展全氟化合物的神经行为毒性及其机理的研究。本书聚焦全氟化合物及其替代物的神经毒性效应和机制研究，主要论述全氟化合物在环境中的污染特征及毒性效应，从神经行为、化学靶点、内分泌干扰、神经退行性疾病等角度概述全氟化合物神经毒性的研究进展。以全氟辛烷磺酸为代表，从行为生理、蛋白质与基因表达、电生理等多个层次阐述神经毒性作用机制，发现妊娠期全氟辛烷磺酸暴露对新生大鼠发育和神经行为功能的损伤，引起大鼠学习记忆功能损伤；发现全氟辛烷磺酸暴露会影响细胞内的钙稳态，钙信号转导通路、AMPA受体运输等在学习记忆功能损伤中的作用；发现全氟辛烷磺酸暴露可引起Aβ蛋白聚集和淀粉样蛋白前体 App 剪切过程异常，提示与神经退行性疾病可能关联。

本书凝聚着大连理工大学金一和教授的指导与教诲。谨以此书缅怀敬爱的金老师。感谢刘薇教授的辛勤培育，感谢刘鹰教授对本书编写给予的大力支持。此外，本书编写过程中参阅了国内外论文和相关书籍，并得到大连海洋大学的帮助与支持，在此表达诚挚的谢意。由于编者水平有限，本书难免存在疏漏与不妥之处，恳请读者批评指正。

张倩
2021 年 8 月

目录

CONTENTS

第 1 章 全氟化合物概述

1.1 典型全氟化合物的环境污染特征

1.1.1 全氟辛烷磺酸的理化性质和应用

全氟辛烷磺酸（perfluorooctane sulfonate，PFOS）是一种典型的全氟化合物（perfluorinated compounds，PFCs），化学式为 $C_8F_{17}SO_3$，化合物分子中与碳原子连接的氢原子全部被氟原子取代，烃链末端碳原子上连接一个磺酰基，是各类全氟有机化合物系列产品经过化学或生物降解的最终产物，结构如图 1.1 所示。与其他持久性有机物（如二噁英和多氯联苯）不同，PFOS 因具有疏水和疏油的特性，被广泛用作表面活性剂，应用于纺织、皮革、包装材料中的抗油污涂层，金属电镀行业中的酸雾抑制剂，碱性清洁剂、灭火泡沫、农药和航空用液压油等多种农业及工业生产领域。

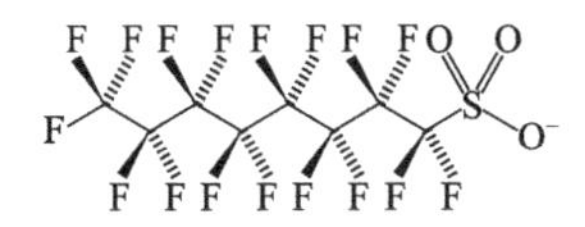

图 1.1 PFOS 的化学结构式

PFOS 的持久性极强，是最难分解的有机污染物之一，C—F 键具有已知的自然界中最大的键能，使得 PFOS 物理化学性质极其稳定，其钾盐在 25℃温度条件的半衰期＞ 41 年。PFOS 在富氧和无氧环境下都具有很好的稳定性，采用各种微生物在不同条件下进行的大量研究均表明，PFOS 没有任何降解的迹象。在各种温度和酸碱度下，对 PFOS 进行水解反应，也未发现明显的降解，即使在浓硫酸中煮沸一小时也未见 PFOS 分解。唯一出现 PFOS 分解的情况，是在高温条件下进行焚烧。也正是 PFOS 独特稳定的理化性质，使得它在环境中持久存在。环境调查表明，PFOS 存在于大气、水体、底泥、废水处理厂的污泥以及生活垃圾等各种环境介质中，并通过大气和洋流运动遍布全球，在偏远无人的地区和两极地区都检出 PFOS 的存在。PFOS 的持久性使得各环境介质中的 PFOS 最终沉积在土壤中，进而可能转移到地下水或地表水中，而水处理去除 PFOS 的高成本和低效性导致 PFOS 可能被生物体再次摄入。

PFOS 有较强的生物富集性。PFOS 能够在生物体内累积，并沿食物链逐级放大。有研究表明，PFOS 会被植物从土壤中吸收转移而进入到陆生食物链中，水环境中的 PFOS 会被海洋生物吸收而进入水生食物链中。例如，鱼体内 PFOS 平均浓度是其生存水域中 PFOS 浓度的 8880 倍，生物放大因子为 8.9，鱼类肝脏对 PFOS 的浓缩倍数为 6300～12500 倍，彩虹鲑鱼血清对 PFOS 的生物累积系数为 3100（Martin et al.，2003）。PFOS 在白鲸和北极鳕鱼之间的生物放大系数为 9.4，在独角鲸和鳕鱼之间为 8.5，实验室测得的水貂和水獭肝中的 PFOS 的生物放大系数约为 22（Tomy et al.，2004）。在更高食物链等级的生物，如海鸥和野鸭体内，检测到更高浓度的 PFOS，提示以鱼类为主要食物的生物体内的 PFOS 蓄积程度更高，也说明水中的 PFOS 可以向高等生物体内转移和在其体内富集，这主要是通过食物链放大作用，以及水生生物的富集作用来实现的。根据东京湾鱼类和人血清中 PFOS 浓度，推算出 PFOS 的生物富集因子为 274～41600。目前在许多高等动物体内均能够检测到高浓度的 PFOS 存在，其蓄积性高于其他持久性有机污染物（POPs），在北极熊和海豹肝脏中 PFOS 浓度远远高于其他 PFCs（Riget et al.，2013）。PFOS 一旦被生产，就注定会在不同的环境介质中循环和聚积。与大多数疏水性 POPs 不同，PFOS 不累积于脂肪组织，而易与血液和肝脏中的蛋白质结合，这主要是因为其具有疏水疏脂的特性。美国环境保护署、欧洲国家、日本及我国研究机构的研究结果均表明：PFOS 及其衍生物能够通过饮用水、食物的摄入以及呼吸道吸入等途径进入生物体，只有少量能够通过排泄途径排出体外，且未见其任何生物降解途径。PFOS 最终富集于人体和生物体的血、肝、肾、脑中。

PFOS 具有远距离迁移的能力。海洋传输是 PFOS 远距离迁移的一个重要原因，我国海洋、地表水及降水中也检测到不同浓度的 PFOS。PFOS 还能够随大气进行迁移，以蒸汽的形式从水体或土壤中进入大气介质，或者吸附在大气颗粒物上，通过干湿沉降进入水体和土壤沉积物中，使得全球范围内，甚至在远离人类活动的高海拔区域和极地区域也检测到 PFOS。

PFOS 具有遗传毒性、免疫毒性、生殖毒性、神经毒性、发育毒性和内分泌干扰作用等多种毒性，被认为是一类具有全身多脏器毒性的环境污染物。早在 2001 年 PFOS 就已经被美国环境保护署列入 POPs 黑名单之列。美国 3M 公司作为 PFOS 的主要生产商，已经于 2002 年宣布逐步淘汰和停止生产 PFOS 及其相关产品（方雪梅等，2010）。2002 年 12 月，第 34 次化学品委员会联合会议召开，经济合作与发展组织在本次会议上将 PFOS 定义为持久存在于环境、具有生物蓄积性并对人类有害的物质。2003 年，PFOS 被列入到保护东北大西洋海洋环境下的优先行动化学品名单中，并被列入到联合国欧洲经济委员会的远程越境空气污染公约下的 POPs 议定书中。2006

年 12 月 27 日，欧洲议会和部长理事会联合发布《关于限制全氟辛烷磺酸销售及使用的指令》（2006/122/EC）并同时成效。2009 年 5 月，联合国环境署在斯德哥尔摩大会上正式将 PFOS 及其盐类列入 POPs 名单。但是由于国内外对此类产品的大量需求，世界各地（包括我国）的工厂仍然在继续生产这种物质。从 2003 年到 2006 年，PFOS 产量迅速增长（刘超等，2008）。在一些地区的水体和沉积物中 PFOS 的浓度也呈现增长趋势。PFOS 在生物体和人体内的累积及其健康危害，已经引起政府机构、科学家和大众的广泛关注。

1.1.2 全氟辛烷磺酸环境污染来源

目前 PFOS 环境污染主要来自工业排放，包括直接来源和间接来源（图 1.2）。全球环境中 PFOS 的直接来源是含 PFOS 产品的生产和使用。PFCs 从上个世纪 50 年代开始广泛应用，最开始作为表面活性剂、制冷剂和杀虫剂等。1979 年 PFCs 作为表面活性剂的总产量达到 200 吨。从 1988 年到 1997 年，其产量增加了 220%。到 2000 年，仅 PFOS 的总产量就高达 3000t（蒋闵等，2007）。过去 60 年 PFCs 的产量大概以每年 150～350t 的量在增长（Dewitt，2015）。人们发现 PFOS 类有机物污染范围之广、程度之高远远超出预期。2002 年 3M 公司宣布停止生产有机氟系列产品，短碳链的全氟烷酸化合物（PFAAs）作为 PFOS 的替代物在美国市场被大量生产，如含有四个碳原子的全氟丁烷磺酸（perfluorobutane sulfonate，PFBS）和含有六个碳原子的全氟己烷磺酸（perfluorohexanoic acid，PFHxA）。与此同时，PFAAs 的生产逐步从北美向欧洲以及其他发展中国家转移，2001～2006 年中国 PFOS 的年产量从 30t 增加到 300t（Lim et al.，2011）。2014 年 3 月包括

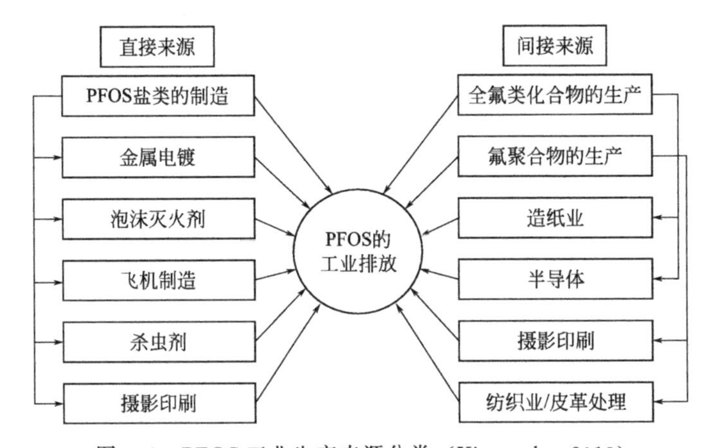

图 1.2 PFOS 工业生产来源分类（Xie et al.，2013）

PFOS在内的新增持久性有机污染物的《关于持久性有机污染物的斯德哥尔摩公约》（以下简称《斯德哥尔摩公约》）修正案才在中国生效，但是仍然有15种特定豁免用途和可接受用途在继续使用，包括直接排放到环境中的泡沫灭火剂和杀虫剂。虽然一些国家和地区陆续出台相关的措施，然而多年的累积效应加上世界各地的经济产业发展不平衡等问题导致世界各地水土环境中PFOS等有机污染物的污染现象还将持续存在很长一段时间。

多数研究表明，由于PFOS难降解的特性，环境中PFOS的主要来源是全氟类相关产品的生产。在PFOS的生产、销售和使用过程中，以及使用后进入垃圾填埋和污水处理厂时，PFOS均有可能进入环境。传统的废水处理工艺并不能有效去除PFOS，如日本水厂的原水和经过处理后的自来水中均检测到PFOS，因此，工业废水和污水处理厂等的排放是PFOS进入环境水体的重要途径，这使得含有PFOS的废水直接排入地表水和地下水。

PFOS由于具有低亨利定律常数和高水溶性的特性，不具备远距离迁移的能力，因此推测一些挥发性的全氟类前体化合物可以以气相形式在大气传输的过程中发生氧化降解，转化成为PFOS，这是PFOS进入环境的重要间接途径之一。电化学氟化是PFOS及其相关物质的重要生产工艺，其主要反应如下：

$$C_8H_{17}SO_2Cl + 18HF \longrightarrow C_8F_{17}SO_2F + HCl + \text{副产品}$$

反应产生的全氟辛烷磺酸氟（PFOSF）是PFOS合成的重要中间体，该生产工艺将直接产生35%～40%直链PFOSF的异构体和同系物混合物，PFOSF可与甲基或乙胺进一步反应生成*N*-乙基和*N*-甲基全氟辛烷磺酰胺，继而与碳酸亚乙酯反应生成*N*-乙基和*N*-甲基全氟辛烷磺胺基乙醇。这些化合物以及它们的中间体的终极代谢和分解产物为PFOS。分析数据表明，1991～2001年在瑞典西海岸的鱼类体内，以及1982～2009年在德国城市人群血清中均检测到了这些前体化合物，同时污水处理厂活性污泥和沉积物中也检测到这些化合物，甚至*N*-乙基和*N*-甲基全氟辛烷磺胺基乙酸在沉积物和污泥中的浓度超过PFOS，提示环境中PFOS前体化合物的转化降解也是PFOS的重要来源之一。

1.1.3 全氟辛烷磺酸的环境污染水平

分析和监测数据表明，PFOS进入到环境介质后，可以通过水体、大气和固体颗粒物等多种介质，在环境中进行迁移和扩散等行为。目前已在多个国家和地区的天然水体、沉积物、土壤、大气和降水中检测到 PFOS。

目前针对水体中 PFOS 的污染现状研究较多。在太平洋、大西洋、日本和中国沿海等多个海域表层水的研究中均检测到 PFOS。我国淡水河 PFOS 监测结果发现，珠江、扬子江和海河的主干道和支流 PFOS 浓度较高，其中扬子江和汉江水体 PFOS 浓度分别为 37.8ng/L 和 51.8ng/L，滇池水体 PFOS 浓度为 1.71～40.9ng/L，巢湖水体 PFOS 浓度最高，为 400ng/L。在日本境内 20 条河流中检测到的 PFOS 浓度最高达 191ng/L。在北美、欧洲、日本和中国沿海等多个地方的表层水，甚至饮用水中均检测到不同浓度的 PFOS，其分布特点与氟化合物生产工厂的分布关系密切。北美五大湖中 PFOS 浓度为 21～70ng/L，其中伊利湖（17～54ng/L）与上游田纳西州河的氟制造厂附近 PFOS 浓度相近（Bryan et al.，2004）。欧洲河流中 PFOS 浓度较低，法国塞纳河和莱茵河浓度分别为 9.9～39.7ng/L 和 0.89～18.6ng/L。德国境内的莱茵河中 PFOS 浓度为 LOD（检测限）～26ng/L，鲁尔河和莫内河 PFOS 的浓度较高达到 193ng/L，这与上游农业区的污染有关，同时也导致了鲁尔河地区饮用水中 PFOS 污染水平高达 0～22ng/L（Exner et al.，2006）。日本东京湾 PFOS 浓度范围为 8～59ng/L，多摩河中 PFOS 浓度最高可达 157ng/L（Sachi et al.，2003）。我国水环境中广泛存在 PFOS 污染问题，对全国多个地区环境水体 PFOS 水平进行调查，其中浑河流域 PFOS 的平均浓度为 2.04ng/L，长江流域 PFOS 的平均浓度为 4.2ng/L，珠江三角洲沿岸海水 PFOS 的浓度范围为 0.02～12ng/L，汉江、滇池、巢湖中 PFOS 最高浓度分别达 88.9ng/L、40.9ng/L 和 400ng/L，且大多数城市的自来水中均含有低浓度的 PFOS（Jin et al.，2009；Wang et al.，2014）。而在太平洋、大西洋及偏僻的地域 PFOS 污染水平在 pg 水平，工业区域是持久性有机污染物的源头，海洋起着储存和运转的作用。

对土壤中 PFOS 的研究较少。沉积物和土壤对污染物不仅具有吸附作用，还会向地下水或地表面水中迁移，使得对它的研究至关重要。美国旧金山湾表层沉积物中 PFOS 浓度范围为 LOD～1300ng/kg（以干重计），最高浓度 16ng/g（以干重计）出现在污水处理厂及污染水域附近。德国拜罗伊特污水处理厂附近的美因河底泥中 PFOS 的浓度范围为 50～570ng/kg（以干重计）（Becker et al.，2008）。日本浅滩的沉积物中 PFOS 浓度分别为 0.09～0.14ng/g（以干重计），而京都地区河流沉积物中 PFOS 浓度达到 11ng/g（以干重计）（Kurunthachalam et al.，2007）。Strynar 等（2012）收集了美国、中国、日本、挪威、希腊和墨西哥六个国家的土壤样品，其

PFOS水平在LOQ～10.1ng/g之间。其中美国和日本的PFOS浓度较高，与我国上海地区相当。在我国的调查研究中发现，在沉积物和土壤污染中PFOS为主要的全氟类污染物。在辽河流域、珠江三角洲流域和长江三角洲流域的底泥沉积物中PFOS最高浓度分别为0.37ng/g（以干重计）、3.1ng/g和0.15ng/g（以干重计）（Bao et al.，2009；Bao et al.，2010）。天津城郊地区农田中PFOS浓度范围为0.02～2.36ng/g（以干重计）（Pan et al.，2011），在一些沿海城市如上海、广州、大连等地区土壤中均检测到PFOS，其浓度范围在0～173ng/g之间。其中污染较为严重的是上海地区。提示沉积物中PFOS的浓度也与地区工业发展程度相关。土壤中PFOS部分来源于废水处理中的污泥，有研究表明废水处理污泥中PFOS的含量大大高于土壤。

大气环境中的污染物质可以通过干湿沉降过程，迁移到水体、土壤等环境介质中。大气监测结果发现，PFOS浓度城市高于乡村，发达地区高于不发达地区，交通繁忙地区高于城市道路上空。韩国、日本诸多城市大气中均检测到PFOS。日本京都和岩手县大气中PFOS的浓度分别为2.51～9.8pg/m^3和1.46～1.19pg/m^3（Harada et al.，2005）。降水样品分析结果表明，我国PFCs浓度较高的区域为京津唐区、长江经济发展区和珠江三角洲发展区，表明大气中PFCs浓度与人口密度和经济发展水平密切相关。同时雨雪中的污染物浓度也和大气、地表水密切相关。预估北极圈的冰盖中PFOS的流量为18～48kg/a，美国纽约地区降雪样品中PFOS平均浓度为0.52ng/L，辽宁沈阳市区和郊区的降雪中PFOS浓度范围为0.4～46.2ng/L，大连降雪样品中最高的几何均值高达145ng/L。PFOS可经降水向地面环境输送，是地表水和土壤中PFOS污染来源之一。

1.2 全氟化合物在生物体的吸收、分布和排泄

1.2.1 全氟辛烷磺酸在野生动物体内的生物累积

PFCs在全球各环境介质中的广泛分布直接导致其在全球甚至极地等偏远地区的食物链各级生物体（浮游生物、鱼类、禽鸟、海洋动物、哺乳动物、人类等）中的生物累积和生物富集效应。早在2001年有学者就对PFOS

在全球野生动物体内的富集水平做了调查，结果显示PFOS在动物体内的浓度和所处地区工业化程度呈正相关，而且沿食物链逐级放大。在浮游动物、软体动物和甲壳类动物等无脊椎动物体内PFOS浓度相对较低，草食性的湿地水鸟比肉食性的鸟类营养级别低，导致其体内PFOS的含量较低，而以鱼为食的海豹和秃鹰等肉食性动物体内PFOS浓度远大于鱼体内浓度，在海豹肝脏中PFOS浓度高达3676ng/g（Ahrens et al.，2009）。在工业区上方活动的鸟类体内PFOS含量显著高于两极地区的鸟类体内PFOS浓度。在一些远离人类生活环境的哺乳动物体内，如北极熊、大熊猫、东北虎的血清中均检测到PFOS，且PFOS浓度随着动物年龄的增加也在逐渐增加。

大量研究结果表明，PFOS是生物体内能够检测到的浓度最高的PFCs。中国广州和舟山两城市的鱼、螃蟹、虾和贝类等七种海产品中均检出PFOS，浓度范围在0.3～13.9ng/g，其中广州市场虾类PFOS的含量最高（Gulkowska et al.，2006）。苏必利尔湖、密歇根湖、伊利湖、休伦湖、安大略湖等北美五大湖中所产的湖红点鲑鱼体内，PFOS的最高检出浓度为(121±14)ng/g（Furdui et al.，2007）。日本东京湾、琵琶湖、大阪湾和广岛湾的78个鱼类血液和肝脏样本中PFOS的浓度范围分别为1～834ng/mL和3～7900ng/g，在东京湾生长的鱼类PFOS的浓度最高（Taniyasu et al.，2003）。对日本明海滩涂和浅海物种的研究表明，滩涂中牡蛎、蚌、蛤和螃蟹中PFOS的检出浓度均<0.3ng/g，其水平低于全氟辛酸铵（PFOA），但是高于其他PFCs。而浅海中的马面鱼、鲷鱼、比目鱼、鲨鱼和海豚体内检测到的PFOS浓度大大高于其他PFCs，其水平在0.84～301ng/g（Nakata et al.，2006）。以上研究均表明PFOS在所能够检测出的PFCs中占主导地位。在水貂、宽吻海豚、北极熊、鸟类等动物肝脏中，以及我国大熊猫、小熊猫和东北虎血清中均检测到PFOS，在全球范围内各地人群的血清样品中也普遍检测到PFOS。各生物物种体内PFOS蓄积程度随年龄、种属、地域而出现较大差异，这提示了PFOS生物蓄积的复杂性。

1.2.2 生物体内全氟辛烷磺酸的吸收途径

食物是动物和一般人群摄入PFOS的重要来源之一。饮食和血清中PFCs的含量存在相关性，对日本妇女进行的一项研究表明通过饮食摄入的PFOS对其血清中PFOS的贡献值高达92.5%（Anna Kärrman，2009）。中国、英国和西班牙的鸡蛋中均检测到PFOS，在北美、欧洲和西班牙的谷物、乳制品、水果、肉类和蔬菜等多种日常食物中也不同程度地检测到PFOS。

除此之外，PFOS也用于食品接触物，如不粘锅和食品包装袋，微波处理后的爆米花和冷藏包装的黄油中均检测到PFOS，这也成为摄入PFOS的来源之一。饮水是人体摄入PFOS的另一重要来源，研究数据显示在多个国家的饮用水中均检测到PFOS的存在。室内灰尘中PFOS浓度远远高于大气中PFOS水平，提示室内空气污染暴露也是PFOS进入人体的重要途径之一。

1.2.3 全氟辛烷磺酸在生物体内的分布情况

体内的PFOS除了直接由外界摄入生物体内，还可由其他全氟磺酰类化合物进入生物体后生物降解而成。PFOS进入生物体后，不像典型疏水性POPs一样在脂肪中蓄积，而是易与血浆中的脂蛋白和肝脏脂肪酸结合蛋白结合，主要分布在血液和肝脏中，其余通过血液循环进入其他组织器官中。大鼠经口暴露浓度为20mg/(kg·d)的PFOS 28天后，其在各个组织或器官中的累积程度为肝脏＞心脏＞肾脏＞血液＞肺＞脾脏＞脑，其中肝脏的累积浓度达到（648±17)ng/g（Cui et al.，2009)，而PFOS在哥伦比亚北部海岸食鱼鸟类各个器官或组织浓度分布递减顺序依次为脾、肝、肺、肾、脑、心和肌肉。这表明PFOS在组织或器官中的累积具有种属差异性。

生物体内的血脑屏障、胎盘屏障和血神经屏障等可以减缓PFOS由血液向组织器官的转移。但是在胚胎期，血脑屏障和血神经屏障尚未完全建立的时期，PFOS可以蓄积在幼鼠大脑中，并进入各个脑区。研究表明PFOS在下丘脑的蓄积水平最高，其次是脑干、小脑、皮质和海马。检测母鼠GD21的血清和排泄物中PFOS含量后发现PFOS浓度与最初的血清浓度相比显著降低，证明PFOS可以通过胎盘屏障转移给胎鼠。

1.2.4 生物体内全氟辛烷磺酸的排出

PFOS排出生物体外的主要途径是通过肾脏进入尿液和通过肝脏胆汁进入粪便。体液中游离的PFOS主要经肾小球滤过和肾小球主动转运进入尿液。肾脏是外来化合物最重要的排泄器官，存在于血液中的PFOS则可通过肾小管的近曲小管上皮细胞主动转运，进入肾小管腔，随尿液排出。与蛋白质结合的PFOS及肠胃道吸收的PFOS一般随同胆汁排泄，主要通过静脉循环进入肝脏，经过主动转运进入胆汁，随粪便排出。

实验动物对PFOS的肠道吸收率较高，但排出速度非常慢。对大鼠的检测数据表明，口服 PFOS 的大鼠通过尿液排出 PFOS 的量高于粪便排出的量，提示 PFOS 排泄的主要途径是尿液。一次性口服 PFOS 24 h 后检测到其排泄量仅为总灌胃量的 2.6%～2.8%。目前尚未有研究表明 PFOS 在生物体内能够发生进一步降解和代谢。因此，PFOS 将持久蓄积在生物体内，产生毒性效应。

1.3 全氟化合物的毒性效应

尽管《斯德哥尔摩公约》的最终目的是彻底消除 PFOS 相关产品，但根据公约规定，PFOS 在规定期限内仍然可以用于特定豁免用途和可接受用途，包括直接污染环境的泡沫灭火剂和农药等，因此，生态系统和人类仍将持续暴露于 PFOS。PFOS 在生物体内吸收、分布和排泄等研究数据提示，持续暴露于 PFOS 可能带来一系列的健康风险。有关 PFOS 的毒性效应研究已成为近年来环境科学和毒理学领域的研究热点，尽管迄今为止，有关 PFOS 的致毒机制仍不明确，尚有待系统化的完善，但对其特性的研究已取得了一些进展。

1.3.1 全氟辛烷磺酸的一般毒性

PFOS 对大鼠一次经口半数致死剂量（LD_{50}）为 251mg/kg，考虑到 PFOS 的挥发性差和无致突变性等因素，其在急性毒性分类中属于中等毒性化合物。如果根据传统 POPs 的脂/水分配系数与生物蓄积性之间的规律分析，生物蓄积性应该较低。因此，人们连续使用了 50 多年。但是，近年的毒理学研究结果表明，PFOS 生物蓄积机理不同于传统 POPs，它不仅生物蓄积性大，还具有肝脏、胚胎、发育、生殖、神经、免疫及致癌等多种毒性。PFOS 消化道吸收率高达 98%，低剂量长期接触后主要分布在肝脏和血液中，其次为肾脏、脑和甲状腺等组织脏器。Olsen 等（2007）根据美国 3M 公司 PFOS 生产退休工人血清中 PFOS 浓度下降规律，提出人类 PFOS 生物半衰期为 8.67 年（范围：2.29～21.30 年）。急性毒性实验结果显示，短期暴露于 50mg/(kg·d) PFOS 后，在灯光刺激性下，雌性鹌鹑出现心跳缓慢、呼吸急促、全身性抽搐等症状，出现此症状 1～5 次后死亡。鹌鹑连续 25 天暴露于 50mg/(kg·d) PFOS 后，出现自发性全身痉挛致死（宋锦兰等，2008）。

1.3.2 全氟辛烷磺酸的肝脏毒性

在啮齿类动物中，PFOS在肝脏中的蓄积浓度相对较高，多项研究证实PFOS能够造成啮齿类动物肝肿大。PFOS暴露可导致啮齿动物脂肪酸类蛋白质受体和配体的结合能力降低，影响脂肪酸的转移和代谢等功能。另外，PFOS还能够诱导肝脏中各种酶活性的降低。Liu等（2007）对PFOS的急性细胞毒性研究显示，罗非鱼肝细胞暴露于PFOS 24h后存活能力显著降低，并呈剂量-效应关系。同时PFOS可诱导产生过氧化应激效应，刺激一系列生化酶的活性，包括过氧化氢酶、谷胱甘肽还原酶的活性升高，以及谷胱甘肽酶及其转移酶的活性抑制，并能够通过激活caspases蛋白，造成细胞凋亡升高。BALB/c小鼠暴露于PFOS 14d后，肝脏中肝糖原浓度显著降低，说明糖代谢也受到了干扰。于红瑶等（2009）研究了PFOS经口亚慢性染毒致大鼠肝脏氧化损伤及对脂褐素含量的影响，结果表明PFOS可引起肝脏氧化损伤、增加肝脏脂褐素含量，加速衰老进程。

1.3.3 全氟辛烷磺酸的免疫毒性

在急性及亚急性动物实验中均可见PFOS造成的免疫器官萎缩现象。25mg/(kg・d)、50mg/(kg・d)及125mg/(kg・d)PFOS连续灌胃小鼠60天后，或者20mg/(kg・d)PFOS连续灌胃小鼠14天，均能造成胸腺及脾脏萎缩，重量明显减少。透射电子显微镜观察结果显示，暴露于PFOS后，小鼠胸腺和脾脏细胞超显微结构均被破坏，具体表现为细胞中线粒体肿胀空化、细胞核畸形、组织空泡化、细胞凋亡以及脂褐素大量生成。

PFOS能够改变免疫细胞数量，降低小鼠脾脏自然杀伤细胞（NK细胞）活性、造成淋巴细胞增生及B淋巴细胞数量减少等现象，从而降低免疫系统功能。以低剂量PFOS连续饲喂雄性B6C3F1小鼠28天，其胸腺及脾脏中的细胞组成未发现显著变化，但脂多糖刺激巨噬细胞分泌炎性因子如肿瘤坏死因子、白介素-6、白介素-1B等均受到PFOS刺激而表达升高，说明PFOS暴露能够破坏机体的免疫系统功能。

1.3.4 全氟辛烷磺酸的生殖发育毒性

胚胎发育毒性研究结果显示，新生仔鼠血浆中PFOS的蓄积浓度与其胚胎期通过母本接触到的PFOS剂量成一定的相关性。孕鼠经饮水暴露PFOS后，仔鼠出生率和24 h成活率降低，且出生仔鼠的体重持续低于对照组。怀孕大鼠在妊娠期第二天（gestational day 2，GD2）到GD20经口暴露10mg/kg PFOS后，仔鼠在出生后30～60min内出现皮肤苍白、衰弱、垂死症状，不久后全部死亡。5mg/kg暴露组幼仔同样出现垂死症状，且在生存8～12 h后死亡，95%以上的仔鼠生存时间不超过24h。另外，雌性大鼠在交配前连续每日摄入PFOS后，即使孕期不再摄入，也影响胎鼠的正常发育，造成活胎率显著降低。当母鼠孕前PFOS摄入剂量为3.2mg/(kg·d)时，初生仔鼠在出生后24h之内全部死亡。剂量降为1.6mg/(kg·d)时，30%的仔鼠在出生后4天内死亡。怀孕大鼠在GD 7～17连续暴露于PFOS后，可导致仔鼠出现体重显著下降、骨骼变形、内脏器官畸形等症状。雌兔GD 6～20连续摄入PFOS同样导致胎兔体重显著性降低，骨成熟过程滞后。叶露等（2009）采用斑马鱼胚胎研究了PFOS对斑马鱼生命早期阶段生长发育的影响，发现PFOS能够损伤细胞膜，导致胚胎分裂中的细胞发生自溶而卵凝结死亡，抑制胚胎原肠胚的形成，从而抑制斑马鱼胚胎发育，导致胚胎发育延迟，出现畸形甚至死亡。

研究表明PFOS对雌性和雄性生殖系统均能够造成损伤。PFOS对大鼠精子形成和成熟过程有损伤作用。PFOS染毒可致大鼠睾丸重量下降，睾丸功能出现退行性变化，乳酸脱氢同工酶、山梨醇脱氢酶的活性降低，丙二醛含量升高，血清睾酮和双氢睾酮水平减少，精子畸形率升高，精子活动率降低，数量减少。雌性大鼠连续暴露PFOS 14天后，可导致大鼠发情周期紊乱和内分泌状态改变。以鹌鹑为禽类指示生物研究PFOS的生殖毒性结果显示，PFOS可导致雄性鹌鹑睾丸组织萎缩，引起生殖系统结构损伤，生化酶和激素分析结果显示睾丸组织中超氧化物歧化酶活性和血清中性激素含量均受到干扰，甲状腺功能受到抑制，产生一定的生殖毒性效应；雌鹌鹑暴露实验结果显示，PFOS暴露组雌鹌鹑卵巢组织受损，未产卵雌鹌鹑卵泡中未见沉积卵黄，说明PFOS可能影响了雌激素水平，造成卵黄物质的形成和卵泡的发育延迟。鱼类实验也发现PFOS暴露可致黑头呆鱼血清中雌二醇水平升高，睾酮浓度降低，芳香化酶活性降低。

人类流行病学调查研究同样表明PFOS能够影响人类生殖系统和生育能力。Joenscn等（2009）对105名平均年龄为19岁的丹麦男性进行体内全氟烷酸化合物（PFAAs）含量的测定，并考察PFAAs的浓度与生殖能力的相关性。结果发现，体内PFOS浓度较高的男性（平均浓度为24.5ng/mL），其正常精子数量不及体内PFOS浓度较低的男性的1/2，并伴随着脑-垂体-性腺激素的水平改变。说明PFOS能够影响男性的生殖能力。不仅如此，PFOS同样能够造成女性的生殖障碍。在1996～2002年丹麦国家出生队列研究中，Fei 等（2009）研究了 43045 位初次怀孕的妇女，在妊娠期 4～14 周采集孕妇血清，并统计她们从计划怀孕到正式怀孕的时期，将接受不孕治疗或计划怀孕时期大于 12 个月的妇女列为不孕。统计数据表明，不孕妇女的血清中 PFOS 浓度高于易受孕的妇女，并与不孕概率呈现显著性相关。此项研究表明 PFOS 能够影响雌性生殖系统，造成适龄妇女的不孕症。同时，Fei 等（2009）还研究了非初次怀孕的妇女体内 PFOS 浓度和母乳喂养时间的关系。研究表明，母亲体内 PFOS 浓度每上升 10ng/mL，其母乳喂养时间少于 6 个月的比值增加 1.2。此项研究说明 PFOS 暴露影响了母亲哺乳的能力，但是对初次怀孕的妇女的研究中未发现此相关性。

在匈牙利的新生儿、欧洲的 5～6 岁儿童和美国的 2～12 岁儿童血清中检测到 PFOS 的平均浓度分别为 7.3ng/mL、4.3ng/mL 和 36.7ng/mL，在中国 0～18 岁人群血清中检测到 PFOS 浓度为 2.5～5.6ng/mL（Zhang et al.，2010）。妊娠期的脐带传递和婴幼儿时期的母乳喂养是儿童暴露 PFOS 的重要来源。已经在母亲的脐带血和母乳中检测到 PFOS，且母乳中 PFOS 含量是母亲血清中的 0.9%～1.4%。Liew 等（2014）调查了产前全氟和多氟烷酸类化合物（PFASs）暴露是否增加先天性脑瘫（cerebral palsy，CP）的风险，该研究涉及 83389 名产妇，确认了其中 156 名 CP 患儿。在孕早期和中期测量了母体血浆内 16 种 PFASs 的含量，结果发现 CP 男童患儿的母体 PFASs 水平更高，PFOS 浓度每增加 1 个对数单位，其造成儿童的 CP 发病风险比即增加 1.7 倍，且母体内 PFOS 的水平与男性患儿 CP 风险存在显著的剂量-效应关系。

1.3.5 全氟辛烷磺酸的致癌性

3M 公司采用慢性暴露方式，以 0.5mg/L、2.0mg/L、5.0mg/L、20mg/L PFOS 剂量对雄性和雌性大鼠经口连续染毒 104 周后，检测了 PFOS 的致癌性。结果显示在雄性大鼠中，20mg/L PFOS 暴露组大鼠肝肿瘤和甲状腺瘤（癌）发生率显著升高；在雌性大鼠中，肝细胞瘤的发生率呈剂量-效应关系。即使在低浓度（0.5mg/L）暴露组，雌性大鼠的乳腺瘤、乳腺纤维性瘤和乳腺癌的发生率也显著高于对照组，表明 PFOS 具有一定的致癌风险。PFOS 可以抑制机体多脏器谷胱甘肽过氧化物酶活力并诱导过氧化氢酶，使体内自由基的产生和消除平衡失调，造成细胞氧化损伤，直接或间接地损害遗传物质，从而引发肿瘤。

PFOS 对人类癌症发病率的影响数据主要来源于对氟化物加工厂工人的

流行病学调查，这些职业暴露人群血清中 PFOS 的浓度范围在 500～2000ng/mL 之间，其最低浓度是普通人群的几百倍。Alexander 等（2007）在 2083 个职业暴露工人中检测了不同暴露水平下职业人群的死亡率和标准化死亡率比（SMR），其中死亡人数为 145 人，高剂量 PFOS 暴露组死亡人数为 65 人。其总死亡率低于一般人群，但是高剂量 PFOS 暴露组死于膀胱癌的 SMR 高于一般人群。这表明 PFOS 可能增加人群癌症的发病率，但其相关性仍不能确定。为了进一步确认职业人群中 PFOS 接触和膀胱癌发病率之间的关系，Alexander 等（2007）在同一工厂对 1895 人（死亡人数 188 人）进行了统计分析，并将美国人口基准率作为参考进行标准化发病率的统计。其中 11 例确诊为膀胱癌。结果表明高剂量 PFOS 接触人群的标准化发病率高于整体人群，且膀胱癌的风险性最高。此研究为 PFOS 诱发癌症的风险评估提供了一定的数据支持。在非职业暴露人群中，对丹麦 57053 名 50～65 岁的普通人群进行调查研究后发现，前列腺癌、膀胱癌、胰腺癌和肝癌的患者，其血清中 PFOS 浓度和健康人群未见显著性差异，提示较低的 PFOS 暴露水平与前列腺癌、膀胱癌、胰腺癌和肝癌之间没有显著相关性。目前关于 PFOS 与癌症发生率的相关研究非常有限，还需要大样本量的统计数据的分析和支持。

1.3.6 全氟辛烷磺酸与高胆固醇血症、甲状腺和心脑血管类疾病

Steenland 等（2009）对西弗吉尼亚某个化工厂附近居住的 46294 名成年人血清中 PFOS 浓度和胆固醇指标进行横向研究发现，除高密度脂蛋白之外，总胆固醇和低密度脂蛋白水平随血清中 PFOS 浓度的升高而升高，其总胆固醇检测出的水平差值高达 11～12mg/dL，人群体内平均 PFOS 浓度为 22ng/mL。且发现 PFOS 浓度与高胆固醇血症的显著相关性。研究说明 PFOS 有引起高胆固醇血症的风险性。对儿童（1～11.9 岁）和青少年（12～17.9 岁）研究发现，其体内 PFOS 水平与成年人相当，为 12.6～22.7ng/mL，且 PFOS 浓度与总胆固醇和高低密度脂蛋白显著相关，但是甘油三酯水平未见显著差异。美国 2003～2004 年开展的一项国家健康和影响状况调查的相关数据显示，20～28 岁的人群中，PFOS 浓度和胆固醇呈现显著的正相关关系，且相关性与性别和年龄有关。由此可见，PFOS 能够干扰胆固醇的正常分泌代谢，无论是儿童、青少年还是成年人，且具体表现为总胆固醇和低密度脂蛋白的升高。

Nelson 等（2010）调查年龄在 12～80 岁之间人群的 PFOS 浓度与胰岛素抵抗水平发现，两者之间没有显著相关性。Lin 等（2009）调查研究了 1999～2000 年和 2003～2004 年美国国家健康和营养状况研究调查中 1443 人的血清 PFOS 浓度和葡萄糖稳态的相关指标，包括血液中葡萄糖，胰岛素，胰岛素抵抗，β 细胞功能和代谢综合征。在 12～19 岁青少年人群中未见 PFOS 和标志物之间的显著相关性，在成年人（> 20 岁）中，PFOS 浓度与胰岛素水平、胰岛素抵抗和 β 细胞功能呈显著正相关。

Nelson 等（2010）同时统计了 PFOS 浓度和体重指数以及腰围之间的相关性，发现其相关关系随性别和年龄的改变而不同。在 60 岁以下的男性人群中，PFOS 与体重指数成负相关，12～19 岁人群中 PFOS 浓度最高的人群，其体重指数为 $2.76kg/m^2$，低于低浓度 PFOS 暴露人群。20～59 岁人群中 PFOS 浓度最高的人群，其体重指数为 $1.8kg/m^2$，也低于低浓度 PFOS 的暴露人群。60～80 岁男性人群中，PFOS 与体重指数成正相关，PFOS 浓度越高，体重指数也越高。女性人群中相关关系不明显。PFOS 与腰围的相关性与体重指数类似，这可能与 PFOS 能够影响体内脂类代谢有关。

甲状腺激素在人类神经发育和成年人的神经认知功能上起着重要作用。有学者调查研究了 31 名纽约钓鱼协会人员血清中 PFOS 和甲状腺激素水平，理由是钓鱼可能是 PFOS 的暴露来源之一。排除年龄、性别、种族、体重指数和是否有吸烟习惯之后，没有发现此类人群血清中 PFOS 和促甲状腺激素（TSH）以及游离四碘甲状腺原氨酸（fT4）之间有显著相关性。对 22 名患有甲状腺轻微疾病患者和 6 名患有甲状腺恶性肿瘤患者血清和甲状腺组织中 PFOS 浓度的检测发现，在各种外科手术中的甲状腺组织样本中均检测到 PFOS 的存在，且浓度与血清中的浓度呈显著正相关，但未发现其浓度与甲状腺疾病之间的相关性。

有学者研究了加拿大因纽特人体内血浆中 PFOS 浓度以及 TSH、游离三碘甲状腺原氨酸（fT3）、甲状腺结合球蛋白（TBG）和 fT4 的水平，因其主要以海鱼等食物为食。调查结果显示 PFOS 浓度与 TSH、fT3 和 TBG 水平呈显著负相关，和 fT4 水平呈显著正相关。说明 PFOS 的暴露能够干扰甲状腺激素水平，进而造成一定的健康风险。

在美国国家健康与营养调查项目中，Melzer 等（2010）研究了 3974 名成年人血清中 PFOS 浓度和甲状腺类疾病的发病情况。统计结果显示男性和女性分别曾经有过甲状腺疾病和正在患有甲状腺疾病的概率分别为 3.06%和 16.18%以及 1.88%和 3.06%。男性体内 PFOS 浓度高于 36.8ng/mL 时有较高的甲状腺疾病风险，在女性中这种相关性并不明显。Chan 等（2011）在 2005～2006 年调查了 PFOS 暴露是否与母亲的低甲状腺素血症有关。研究对象为加拿大埃德蒙顿的 974 名怀孕妇女。在怀孕 15～20 周时采集其血清样品，检测正常人群和低甲状腺素血症患者血清中 PFOS 浓度，发现 PFOS 浓度与妊娠低甲状腺素血症之间无显著相关性。

对俄亥俄州和西弗吉尼亚氟化物工厂附近的 54591 名 20 岁以上的成年人进行血清中 PFOS 浓度与尿酸含量的相关性分析，结果显示尿酸含量和 PFOS 呈显著正相关，表明 PFOS 能够造成高尿酸血症增加，进而造成高血压和心脑血管疾病的发病风险。

Hoffman 等（2010）研究了美国 1999～2000 年和 2003～2004 年间的 12～15 岁儿童体内 PFCs 含量和注意缺陷多动障碍（ADHD）之间的相关性。结果显示在 571 名儿童中，48 名儿童患有 ADHD，且与体内 PFCs 浓度呈显著正相关。体内 PFOS 浓度每增加 1μg/L，其发病风险系数增加 1.03。

1.3.7 全氟辛烷磺酸与其他污染物的联合毒性

PFOS 不仅单独产生毒性效应，而且可与其他毒性物质产生协同作用。研究表明 PFOS 可以附着于脂质双分子层，增加膜的流动性，改变生物膜的特性，从而增强其他物质的毒性效应。体外实验发现，单独对仓鼠肺 V79 细胞进行 PFOS 染毒时，细胞微核率并没有发生明显的改变；但当 PFOS 与环磷酰胺联合染毒时，细胞微核率显著高于环磷酰胺单独染毒时增高的程度，表明 PFOS 可增强环磷酰胺的遗传毒性。Wang 等（2011）用大鼠新生仔鼠实验证实，PFOS 和 2,2′,4,4′-四溴联苯醚（BDE-47）联合暴露能够影响仔鼠血清中四碘甲状腺原氨酸（T4）水平，并可能在某些影响机制上存在交叉点。脑源性神经营养因子（BDNF）基因和蛋白质的变化情况显示 PFOS 和 BDE-47 存在相互作用，且造成的神经毒性效应可能由三碘甲状腺原氨酸（T3）介导。

现有对 PFOS 的毒性效应和健康风险研究仍然欠缺。针对 PFOS 的毒性效应研究缺乏不同发育时期的对比，研究结果缺乏系统性。针对 PFOS 毒性效应的研究仍集中于部分人群血清或肝脏组织中 PFOS 浓度和部分疾病发生的相关性，对致毒机理的研究还非常有限。PFOS 引起的人群健康风险与动物实验的结果也出现不一致的现象，这主要是由于动物实验的 PFOS 浓度远远高于人群实际暴露水平，且存在物种差异性。现有对 PFOS 的毒性效应研究还处于起步阶段，仍需要进一步调查及更深层次的研究。

1.4 全氟化合物的人群暴露和环境流行病学研究进展

有研究表明，摄取食物和水被认为是 PFOS 进入生物体的主要途径之一，食品包装材料、室内灰尘也是 PFOS 的主要来源。在北美和欧洲的谷物、乳制品、水果、肉类和蔬菜等多种日常食物中都检测到不同程度的 PFOS 污染。英国、西班牙和我国多个地区的鸡蛋里也检测到一定程度的 PFOS 污染。在我国舟山和广州海鲜市场出售的鱼、螃蟹、虾和贝类等多种海产品中也同样存在 PFOS 污染问题。摄入被污染的食物导致体内 PFOS 浓度累积，不同于其他有机污染物，PFOS 被生物摄入体内后大部分与血浆中的脂蛋白和肝脏中的脂肪酸结合存在于血液和肝脏中，也会通过血液循环进入其他组织器官中。有研究资料显示，已经在人群的血清、母乳、脐带血和脑脊髓液中检测到 PFOS 的存在。

PFOS 在全球范围内人群血液中被普遍检出。Kannan 等（2004）对 9 个国家 473 份人体血液样品分析检测指出：PFOS 的含量在所有 PFCs 中所占比例最大，其中 PFOS 含量最高样品出现在来自美国和波兰的血样（>30ng/mL），其次是来自日本、韩国、比利时、马来西亚、巴西、意大利、哥伦比亚和斯里兰卡的血样（3～29ng/mL），来自印度的血样最低（<3ng/mL）。Hansen 等（2011）对来自美国 23 个城市的 598 个血清样本进行分析，PFOS 浓度中位数为 36.7ng/mL（6.7～515ng/mL）。对来自澳大利亚人群混合血清样本分析发现 PFOS 在血清中平均浓度为 20.8ng/mL。来自德国 356 个人群血清样品中 PFOS 血清平均浓度为 13.7ng/mL，略低于澳大利亚。日本多个地区 PFOS 浓度范围为 7.6～27.8ng/mL。我国不同城市共 233 例人群的全血样品中 PFOS 浓度范围在 3.06～34.0ng/mL，最高值出现在来自石家庄的血样。Yeung 等（2006）在对来自中国的 9 个城市人群血清样品检测发现 PFOS 浓度最高值出现在来自沈阳血清样品中（79.2ng/mL），负荷水平与 Jin 等（2007）对沈阳地区人群调查结果相一致，几何均值为 41ng/mL（5.3～145ng/mL）。在美国 2～12 岁儿童体内 PFOS 平均浓度为 37.5ng/mL，其蓄积水平与之前报道的成年人体内的浓度相接近，提示儿童 PFOS 暴露的风险性，可能是通过母体转移获得。

已在全球多个国家的母乳样品中检测到 PFOS 的存在。Tao 等（2008）对亚洲 7 个国家的母乳样品进行分析，PFOS 含量最低出现在来自印度的血样中（39.4pg/mL），最高出现在来自日本的血样中（196pg/mL），其浓度水平与之前瑞典、美国及德国的报道相似，平均浓度为106～166pg/mL。婴儿通过母乳预计平均每日PFOS的摄入量为（11.8±10.6）ng/(kg·d)（以体重计），高于之前欧洲国家报道的成年人每日的摄入预计量的7～12倍。母乳是幼儿摄食的主要来源，以上研究结果表明PFOS不但对成人产生影响，还会对婴幼儿产生潜在威胁。此外，PFOS也存在于脐带血样品中。关于母体血液中PFOS的含量和脐带血之间的关系的研究发现PFOS母体和脐带血之间浓度高度相关，且PFOS在母体中的浓度与脐带血浓度之间的比值在3左右。母乳和脐带血中PFOS的检出表明PFOS可以穿过胎盘屏障造成胎儿的暴露，对婴幼儿的健康存在着潜在威胁。Harada等（2007）对血清和脑脊液中PFOS定量检测，证明PFOS可以通过血脑屏障转移到幼体，在脑部蓄积，损害发育期生物体的中枢神经系统，尤其是胚胎期血脑屏障还未发育成熟。孕妇和幼儿是PFOS暴露的易感群体，在胚胎期和哺乳期等关键时期暴露PFOS可能会对日后健康造成不利的影响。

PFOS在人群血清中的广泛分布，并能引起多种毒性效应，目前世界范围的流行病学调查已开始对PFCs尤其是PFOS在不同人群中的负荷特征及它们与各种重大疾病的相关性进行了研究。

多项研究表明PFOS环境暴露与血脂浓度之间存在密切的关系。美国西弗吉尼亚州化工厂附近饮用水被污染，对46294名成年人进行横断面调查中发现，PFOS血清浓度和总胆固醇浓度、低密度脂蛋白水平、甘油三酯含量之间存在正相关性，且PFOS具有引起高胆固醇血症的风险性。对2003～2004年美国国家健康与营养调查（NHANES）的数据进行分析，发现在普通人群中血清中PFOS的浓度与总胆固醇含量及非高密度脂蛋白含量之间具有较高的正相关性。在儿童的研究中也得到了相同的结果，根据NHANES 1999～2008年对未成年人（<18岁）的数据，发现PFOS与胆固醇和低密度脂蛋白之间具有正相关性。可见，PFOS能够干扰胆固醇的正常分泌代谢，具体表现为总胆固醇和低密度脂蛋白的升高，且与性别和年龄有关。同时对PFOS血清浓度与体重指数以及腰围之间的相关性进行了统计分析，发现PFOS血清浓度与性别和年龄之间也存在相关性。在60岁以下的男性人群中，PFOS与体重指数和腰围呈负相关，60～80岁男性人群中，PFOS血清浓度与体重指数和腰围呈正相关，在女性中相关性不明显。这可能与PFOS影响体内脂类代谢有关。有研究显示PFOS暴露会影响机体糖代谢，Lin等（2009）发现PFOS血清浓度和糖尿病相关的生物标志物空腹血胰岛素、抗胰岛素性稳态、β细胞功能之间均存在正相关性。

尿酸是嘌呤的代谢分解产物，是肾功能生物标志物。高尿酸会增加高血压、糖尿病、心血管疾病和肾脏疾病的患病风险。Costa 等（2009）比较了 34 个职业人群和与之相对的普通人群体内的平均尿酸浓度，分别为 6.29μg/mL 和 5.73μg/mL。C8 健康项目也对成年人体内尿酸浓度进行检测，在 54951 个职业暴露群体中高尿酸血随血清 PFOS 含量增高而增高。同时，NHANES 1999～2006 年对美国人群的调查数据也显示，PFOS 血清浓度和高尿酸血症呈正相关性，在儿童的调查中也出现相同的结果。NHANES 1999～2008 年的横断面分析中发现 PFOS 血清浓度和慢性肾病之间存在正相关性。同时在另外一个横断面分析中对肾功能的肾小球过滤率（eGFR）和血清 PFOS 浓度在 9660 个未成年中进行了评估，发现 PFOS 会造成 eGFR 下调。

PFOS 对总胆固醇、低密度脂蛋白、高尿酸血及葡萄糖稳态的影响，提示 PFOS 可能具有增加冠心病发病的风险。PFOS 暴露和冠心病患病率之间有两组相矛盾的研究结果。根据 NHANES 在 1999～2000 年，2003～2006 年数据对 3974 名成年人进行分析，冠心病患病率为 5.8 %，与 PFOS 浓度之间没有显著性关系。在对 1216 名 40 岁以上成年人（NHANES 1999～2000）的分析显示，接触 PFOS 与心血管疾病包括冠心病、心脏病和中风的风险呈正相关（Anoop et al.，2012）。

PFOS 在啮齿类动物中有明显的肝脏毒性，在大多数流行病调查研究都检测了血肝功能酶的表达，如谷氨酰转肽酶（GGT）、天冬氨酸转氨酶（AST）、丙氨酸转氨酶（ALT）等。日本最近的一项研究对 307 名男性和 301 名女性（16～76 岁）血清 PFOS 和血肝功能酶（GGT、ALT、AST）和 ω-3 多不饱和脂肪酸（DHA 和 EPA）进行分析，其中 DHA、EPA、ALT、AST 与血清 PFOS 之间存在显著的正相关性（Yamaguchi et al.，2013）。然而，PFOS 对肝脏疾病患病率和发病率，包括肝炎或非酒精性脂肪肝都不存在相关性。

对 C8 健康项目横断面分析表明，PFOS 暴露伴随着血清中显著的 T4 水平增加和显著的 T3 摄入量减少。还有一些横断面分析涉及孕期 PFOS 暴露对孕妇以及胎儿甲状腺激素平衡的影响。2003～2004 年共有 903 个孕妇参与，测定妊娠期第 18 周 PFOS 血清浓度以及 TSH 浓度，结果显示孕妇血清 PFOS 浓度越高，TSH 水平越高。对 C8 项目中 10725 名儿童的横断面分析指出 PFOS 浓度升高与甲状腺功能减退以及甲状腺激素水平增高之间存在相关性（Maria-Jose et al.，2012）。对 22 名患有轻微甲状腺疾病患者和 6 名患有甲状腺恶性肿瘤患者血清和甲状腺组织中 PFOS 浓度的检测发现，在甲状腺组织样本中均检测到 PFOS 的存在，且浓度与血清中的浓度呈显著正相关，但未发现 PFOS 在甲状腺组织中含量与甲状腺疾病之间的相关性。

C8 健康项目对 21024 名 50 岁以上的人群中 PFOS 血清浓度与记忆损伤之间的关系进行评估，发现随着 PFOS 血清浓度升高，记忆损伤程度升高。Power 等（2013）在 60～85 岁老年人群的横断面研究中提出，PFOS 暴露和记忆问题之间可能存在一种保护关系，尤其是在患有糖尿病的老年人中更为显著。总的来说，关于 PFOS 暴露与认知障碍及神经退行性疾病之间数据还过于匮乏。流行病学有证据表明 PFOS 暴露对儿童发育的影响与不同的暴露时间、暴露水平和暴露方法有关。根据 NHANES 1999～2000 年和 2003～2004 年数据分析 12～15 岁儿童体内 PFOS 含量和注意缺陷多动障碍（ADHD）之间的相关性，结果显示在 571 名儿童中，48 名儿童患有 ADHD，与体内 PFOS 浓度呈显著正相关。体内 PFOS 浓度每增加 1μg/L，病发风险系数增加 1.03（Kate et al.，2010）。在我国台湾母婴队列研究中，对怀孕后期母体的血清样本中 9 种全氟烷酸类化合物（PFASs）进行分析。对 5 岁和 8 岁儿童进行全量表智商、言语智商、行为智商进行评估，结果发现孕期 PFASs 暴露和儿童 IQ 测试分数降低之间有显著相关性（Wang et al.，2015）。

总的来说，根据流行病学调查结果，PFOS 暴露与高胆固醇症、甲状腺疾病、肾脏疾病、心血管疾病及记忆认知障碍之间存在相关性，然而有关人群流行病学的调查数据有限，仍需要大量关于一般人群的纵向研究。

参考文献

方雪梅，王建设，戴家银，2010. 全氟类有机污染物的污染状况及其生态毒理研究进展. 地球科学进展，05：543-551.

蒋闵，盛旋，杨嫣嫣，等，2007. 全氟辛烷磺酰基化合物（PFOS）分析研究进展. 安徽化工，02：5-10.

刘超，胡建信，刘建国，2008. 半导体制造企业 PFOS 排放和附近场所环境浓度预测及初步风险评价. 科学技术与工程，11：2898-2902.

宋锦兰，金一和，李晓娜，等，2008. 全氟辛烷磺酸对雌鹌鹑的生殖毒性研究. 生态毒理学报，05：457-463.

叶露，吴玲玲，蒋雨希，等，2009. PFOS/PFOA 对斑马鱼（*Danio rerio*）胚胎致毒效应研究. 环境科学，06：1727-1732.

于红瑶，刘利，刘薇，等，2009. PFOS 致大鼠肝脏氧化损伤及对脂褐质含量影响. 中国公共卫生，05：578-579.

Alexander B H，Olsen G W，2007. Bladder cancer in perfluorooctanesulfonyl fluoride manufacturing workers. Annals of Epidemiology, 17 (6): 471-478.

Ahrens L, Siebert U, Ebinghaus R, 2009. Temporal trends of polyfluoroalkyl compounds in harbor seals (*Phoca vitulina*) from the German Bight, 1999-2008. Chemosphere, 76 (2): 151-158.

Anna Kärrman K H H K, 2009. Relationship between dietary exposure and serum perfluorochemical (PFC) levels—A case study. Environment International, 35 (4): 712-717.

Anoop S, Jie X, Alan D, 2012. Perfluorooctanoic acid and cardiovascular disease in US adults. Archives of Internal Medicine, 172 (18): 1397-1403.

Bryan B, John V, Schnoor J L, et al., 2004. Detection of perfluorooctane surfactants in Great Lakes water. Environmental Science Technology, 38 (15): 4064-4070.

Becker A M, Silke G, Hartmut F, 2008. Perfluorooctanoic acid and perfluorooctane sulfonate in the sediment of the Roter Main river, Bayreuth, Germany. Environmental Pollution, 156 (3): 818-820.

Bao J, Jin Y, Liu W, et al., 2009. Perfluorinated compounds in sediments from the Daliao River system of northeast China. Chemosphere, 77 (5): 652-657.

Bao J, Liu W, Liu L, et al., 2010. Perfluorinated compounds in urban river sediments from Guangzhou and Shanghai of China. Chemosphere, 80 (2): 123-130.

Costa G, Sartori S, Consonni D, 2009. Thirty years of medical surveillance in perfluooctanoic acid production workers. Journal of Occupational & Environmental Medicine, 51 (3): 364-372.

Cui L, Zhou Q F, Liao C Y, et al., 2009. Studies on the Toxicological effects of PFOA and PFOS on rats using histological observation and chemical analysis. archives of Environmental Contamination and Toxicology, 56 (2): 338-349.

Chan E, Burstyn I, Cherry N, et al., 2011. Perfluorinated acids and hypothyroxinemia in pregnant women. Environmental Research, 111 (4): 559-564.

Dewitt J C, 2015. Toxicological effects of perfluoroalkyl and polyfluoroalkyl substances. Cham: Humana Press.

Exner M, Färber H, 2006. Perfluorinated surfactants in surface and drinking waters (9 pp). Environmental Science and Pollution Research, 13 (5): 299-307.

Furdui V I, Stock N L, Ellis D A, et al., 2007. Spatial distribution of perfluoroalkyl contaminants in Lake Trout from the Great Lakes. Environmental Science & Technology, 41 (5): 1554-1559.

Fei C, McLaughlin J K, Lipworth L, et al., 2009. Maternal levels of perfluorinated chemicals and subfecundity. Human Reproduction, 24 (5): 1200-1205.

Gulkowska A, Jiang Q T, So M K, et al., 2006. Persistent perfluorinated acids in seafood collected from two cities of China. Environmental Science & Technology, 40 (12): 3736-3741.

Harada K, Nakanishi S, Saito N, et al., 2005. Airborne perfluorooctanoate may be a substantial source contamination in Kyoto Area, Japan. Bulletin of Environmental Contamination & Toxicology, 74 (1): 64-69.

Harada K H, Hashida S, Kaneko T, et al., 2007. Biliary excretion and cerebrospinal fluid partition of perfluorooctanoate and perfluorooctane sulfonate in humans. Environmental Toxicology & Pharmacology, 24 (2): 134-139.

Hoffman K, Webster T F, Weisskopf M G, et al., 2010. Exposure to polyfluoroalkyl chemicals and attention deficit/hyperactivity disorder in U. S. children 12-15 years of age. Environmental Health Perspective, 118 (12): 1762-1767.

Hansen K J, 2011. Quantitative evaluation of perfluorooctanesulfonate (PFOS) and other fluorochemicals in the serum of children. Journal of Childrens Health, 2 (1): 53-76.

Jin Y H, Saito N, Harada K H, et al., 2007. Historical trends in human serum levels of perfluorooctanoate and perfluorooctane sulfonate in Shenyang, China. Tohoku Journal of Experimental Medicine, 212 (1): 63-70.

Jin Y H, Liu W, Sato I, et al., 2009. PFOS and PFOA in environmental and tap water in China. Chemosphere, 77 (5): 605-611.

Joensen U N, Bossi R, Leffers H, et al., 2009. Do perfluoroalkyl compounds impair human semen quality? Environmental Health Perspective, 117 (6): 923-927.

Kannan K, Corsolini S, Falandysz J, et al., 2004. Perfluorooctanesulfonate and related fluorochemicals in human blood from several countries. Environmental Science & Technology, 38 (17): 4489-4495.

Kurunthachalam S, Etsumasa O, Kenneth S, et al., 2007. Perfluorinated compounds in river water, river sediment, market fish, and wildlife samples from Japan. Bulletin of Environmental Contamination & Toxicology, 79 (4): 427-431.

Kate H, Webster T F, Weisskopf M G, et al., 2010. Exposure to polyfluoroalkyl chemicals and attention deficit/hyperactivity disorder in U. S. children 12-15 years of age. Environmental Health Perspectives, 118 (12): 1762-1767.

Liu C, Yu K, Shi X, et al., 2007. Induction of oxidative stress and apoptosis by PFOS and PFOA in primary cultured hepatocytes of freshwater tilapia (*Oreochromis niloticus*). Aquatic Toxicology, 82 (2): 135-143.

Lin C Y, Chen P C, Lin Y C, et al., 2009. Association among serum perfluoroalkyl chemicals, glucose homeostasis and metabolic syndrome in adolescents and adults. Diabetes Care, 32 (4): 702-707.

Lim T C, Wang B, Huang J, et al., 2011. Emission inventory for PFOS in China: review of past methodologies and suggestions. Scientific World Journal, 11 (10): 1963-1980.

Liew Z, Ritz B, Bonefeld-Jorgensen E C, et al., 2014. Prenatal exposure to perfluoroalkyl substances and the risk of congenital cerebral palsy in children. American Journal of Epidemiology, 180 (6): 574-581.

Martin J W, Mabury S A, Solomon K R, et al., 2003. Bioconcentration and tissue distribution of perfluorinated acids in rainbow trout (Oncorhynchus mykiss). Environmental Toxocology and Chemistry, 22 (1): 196-204.

Melzer D, Rice N, Depledge M H, et al., 2010. Association between serum perfluorooctanoic acid (PFOA) and thyroid disease in the US national health and nutrition examination survey. Environmental Health Perspective, 118 (5): 686-692.

Maria-Jose L E, Debapriya M, Ben A, et al., 2012. Thyroid function and perfluoroalkyl acids in children living near a chemical plant. Environmental Health Perspectives, 120 (7): 1036-1041.

Nakata H, Kannan K, Nasu T, et al., 2006. Perfluorinated contaminants in sediments and aquatic organisms collected from shallow water and tidal flat areas of the Ariake Sea, Japan: Environmental fate of perfluorooctane sulfonate in aquatic ecosystems. Environmental Science & Technology, 40 (16): 4916-4921.

Nelson J W, Hatch E E, Webster T F, 2010. Exposure to polyfluoroalkyl chemicals and cholesterol, body weight, and insulin resistance in the general US population. Environmental Health Perspective, 118 (2): 197-202.

Olsen G W, Burris J M, Ehresman D J, et al., 2007. Half-life of serum elimination of perfluorooctanesulfonate, perfluorohexanesulfonate, and perfluorooctanoate in retired fluorochemical production workers. Environmental Health Perspective, 115 (9): 1298-1305.

Pan Y, Shi Y, Wang J, et al., 2011. Pilot investigation of perfluorinated compounds in river water, sediment, soil and fish in Tianjin, China. Bulletin of Environmental Contamination & Toxicology, 87 (2): 152-157.

Power M C, Webster T F, Baccarelli A A, et al., 2013. Cross-sectional association between polyfluoroalkyl chemicals and cognitive limitation in the National Health and Nutrition Examination Survey. Neuroepidemiology, 40 (2): 125-132.

Riget F, Bossi R, Sonne C, et al., 2013. Trends of Perfluorochemicals in Greenland Ringed Seals and Polar Bears: Indications of Shifts to Decreasing Trends. Chemosphere, 93 (8): 1607-1614.

Sachi T, Kurunthachalam Annan, Yuichi H, et al., 2003. A Survey of perfluorooctane sulfonate and related perfluorinated organic compounds in water, fish, birds, and humans from Japan. Environmental Science & Technology, 37 (12): 2634-2639.

Steenland K, Tinker S, Frisbee S, et al., 2009. Association of perfluorooctanoic acid and perfluorooctane sulfonate with serum lipids among adults living near a chemical plant. American Journal of Epidemiology, 170 (10): 1268-1278.

Strynar M J, Lindstrom A B, Nakayama S F, et al., 2012. Pilot scale application of a method for the analysis of perfluorinated compounds in surface soils. Chemosphere, 86 (3): 252-257.

Taniyasu S, Kannan K, Horii Y, et al., 2003. A survey of perfluorooctane sulfonate and related perfluorinated organic compounds in water, fish, birds, and humans from Japan. Environmental Science & Technology, 37 (12): 2634-2639.

Tomy G T, Wes B, Thor H, et al., 2004. Fluorinated organic compounds in an eastern Arctic marine food web. Environmental Science & Technology, 38 (24): 6475-6481.

Tao L, Ma J, Kunisue T, et al., 2008. Perfluorinated compounds in human breast milk from several asian countries, and in infant formula and dairy milk from the United States. Environmental Science & Technology, 42 (22): 8597-8602.

Wang F, Liu W, Jin Y, et al., 2011. Interaction of PFOS and BDE-47 co-exposure on thyroid hormone levels and th-related gene and protein expression in developing rat brains. Toxicological Sciences, 121 (2): 279-291.

Wang T, Pei W, Jing M, et al., 2014. A review of sources, multimedia distribution and health risks of perfluoroalkyl acids (PFAAs) in China. Chemosphere, 129: 87-99.

Wang Y, Rogan W J, Chen H Y, et al., 2015. Prenatal exposure to perfluroalkyl substances and children's IQ: The Taiwan maternal and infant cohort study. International Journal of Hygiene and Environmental Health, 218 (7): 639-644.

Xie S W, Wang T Y, Liu S J, et al., 2013. Industrial source identification and emission estimation of perfluorooctane sulfonate in China. Environmental International, 52: 1-8.

Yeung L W Y, So M K, Guibin J, et al., 2006. Perfluorooctanesulfonate and related fluorochemicals in human blood samples from China. Environmental Science & Technology, 40 (3): 715-720.

Yamaguchi M, Arisawa K, Uemura H, et al., 2013. Consumption of seafood, serum liver enzymes, and blood levels of PFOS and PFOA in the Japanese population. Journal of Occupational Health, 55 (3): 184-194.

Zhang T, Wu Q, Sun H W, et al., 2010. Perfluorinated compounds in whole blood samples from infants, children, and adults in China. Environmental Science & Technology, 44 (11): 4341-4347.

第 2 章
典型全氟化合物的神经毒性研究进展

2.1 神经系统概述

2.1.1 神经系统构成

神经系统是生物体内起主导作用的功能调节系统，主要包括中枢神经系统和周围神经系统，中枢神经系统包括脑和脊髓，周围神经系统包括脑神经、脊神经、植物神经以及各种神经节。神经系统能协调体内各器官、各系统的活动，使之成为完整的一体，并与外界环境发生相互作用。神经系统的细胞构成主要是神经元和神经胶质细胞。神经元是构成神经系统的主要细胞，占神经系统内细胞总数的10%，具有接收外界信号、感受刺激和传导储存信息的功能。其结构形态主要包括神经细胞体和神经突起（轴突和树突）。树突接收到由上一个神经元突触端所分泌的神经传导物质后，转换为电流信号，再经轴突传导到轴突末端，并于突触分泌神经传导物质后传导至下一个神经元的树突端，如此依序将讯号传导至大脑（或是由大脑传导至肌肉以及其他器官组织），从而完成信息传递的功能。神经系统中还有众多的神经胶质细胞，其数量是神经元的几十倍，它们广泛分布于中枢神经系统内，包括除了神经元以外的所有细胞，如星形胶质细胞、少突胶质细胞、小胶质细胞和施万细胞，是神经系统的次要细胞结构和营养来源，具有支持、滋养神经元的作用，也有吸收和调节某些活性物质的功能。

中枢神经系统有两个保护机制，即血脑屏障和血神经屏障。血脑屏障由脑的连续毛细血管内皮及其细胞间的紧密连接、完整的基膜、周细胞以及星形胶质细胞脚板围成的神经胶质膜构成，其中内皮是血脑屏障的主要结构，血脑屏障是介于血液和脑组织之间的动态界面，对物质的通过有选择性阻碍作用，能够有效阻止部分有害物质进入到大脑中，保护中枢神经系统不受到损害。周围神经系统存在神经内膜微血管屏障和神经束膜屏障，两个屏障共同构成血神经屏障，能够阻止外周神经系统受到损伤。

海马是组成大脑边缘系统的一部分。大脑侧脑室下角底壁上有一弓状隆起，称海马，与齿状回共同构成海马结构。依据细胞形态及皮质发育的差异，海马共分为四个扇形区域，分别为CA1、CA2、CA3及CA4区。它们属于古皮质，有分子层、锥形细胞层及颗粒细胞层三层（图2.1）。在中枢神经系统中，海马结构参与海马回路的构成，该环路与情感、学习和记忆等高级神经活动有关。它不仅有着复杂的生理机能，而且与多种中枢神经系统的疾病过程有关。研究表明，在生物大脑内至少存在 5 个不同的结构系统，它们能够相对特异性地参与学习记忆的调节，海马是参与空间学习和记忆能力调节的最重要的脑区。因此，海马常用以研究神经突触可塑性、学习记忆障碍以及早老性痴呆等疾病，是神经科学和毒理学研究的重要目标组织。

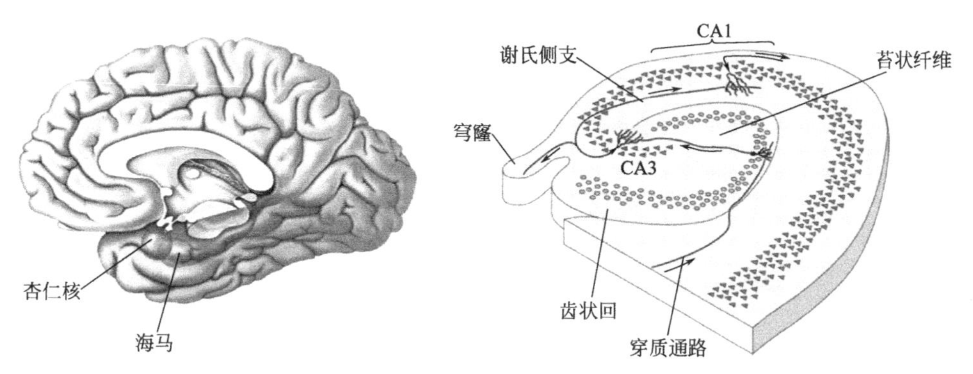

图 2.1　海马结构示意图

2.1.2　神经系统的发育

神经系统是随着生物体的生长发育而不断完善的。发育时期的神经系统与成熟的神经系统不同，存在一个快速增长的时期，被称为大脑快速发育期（brain growth spurt，BGS）。对人类而言，其 BGS 是从妊娠的后 3 个月至出生后的两年，而大鼠的 BGS 为胚胎期后期至出生后 3 周，并在出生后第十天达到发育峰值（图 2.2）。这一发育期也称为脑的突触形成期，在此时期，神经元通过树突延伸到各个相应的脑区，形成大量新的突触连接，使大脑中突触的数量是成熟脑的两倍。海马 CA1 区锥体细胞在中枢信息处理及认知过程中起重要作用。发育的神经系统由于处于不断完善发育的时期，可能对污染物暴露后的反应更为敏感。

2.1.3　学习记忆能力的形成

神经元之间信息的传递是通过突触来完成的。突触连接是神经元之间信息传递的主要方式，是神经可塑性的关键部位。突触传递过程中，突触前膜的内侧有致密突起和网格形成的囊泡栏栅，突触小泡存在于囊泡栏栅中，它具有引导突触小泡与突触前膜接触的作用，促进突触小泡内递质的释放。当

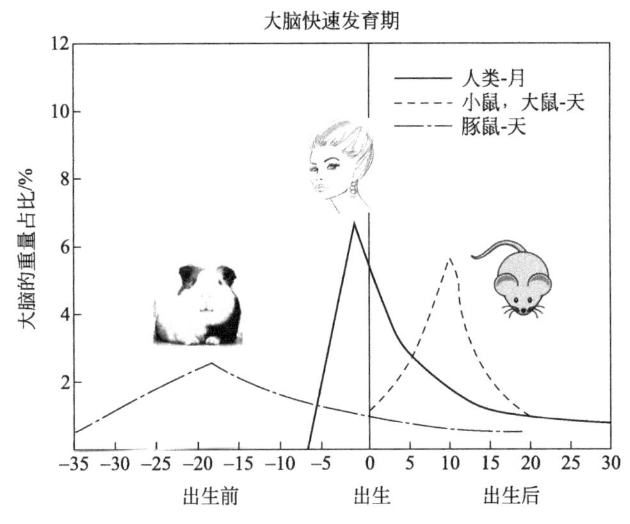

图 2.2 不同生物的大脑快速发育期（Ribes et al.，2010）

突触前神经元传来的冲动到达突触小体时，突触小泡内的神经递质即从突触前膜释放出来，进入突触间隙，并作用于突触后膜，引起突触后神经元发生兴奋或抑制反应。当神经冲动传至轴突末梢时，突触前膜兴奋，爆发动作电位和离子转移。此时突触前膜电压门控 Ca^{2+} 通道开放，Ca^{2+} 由突触间隙顺浓度梯度流入突触小体，然后小泡内所含的化学递质以量子式释放的形式释放出来，到达突触间隙。化学递质释放出来后，可通过突触间隙扩散到突触后膜，与突触后膜上的相应受体结合，改变突触后膜对离子的通透性，使后膜电位发生变化。形成兴奋性或抑制性突触后电位，触发突触后神经元轴突始段动作电位的爆发，完成突触传递的过程（图 2.3）。

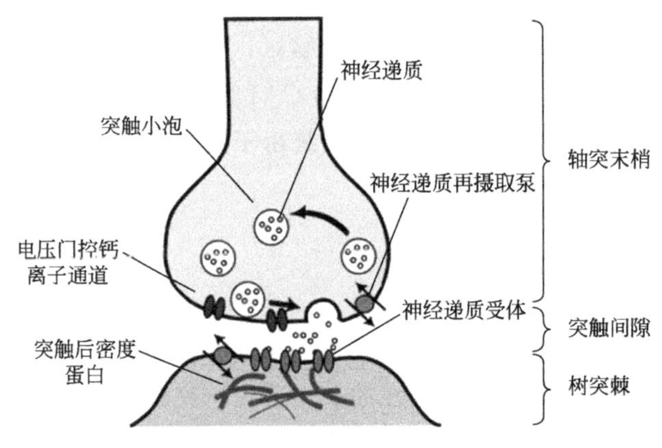

图 2.3 突触传递示意图

所谓突触可塑性就是突触在一定条件下增减数目、改变形态及调整功能的能力，包括传递效能和形态结构的变化。它是构成学习和记忆的重要神经化学基础，同时也是一个研究学习和记忆很好的细胞分子水平模型。海马的学习记忆功能的改变可以表现为突触可塑性的改变，也可以表现为行为学的改变，比如海马依赖的空间学习记忆能力的改变。短时记忆与长时记忆是整个记忆过程的不同阶段，具有不同的神经机制。短时记忆的形成，是对已经存在的前体蛋白进行修饰使突触的传递效能发生改变。长时记忆的形成是新基因的表达和蛋白质的合成引起突触结构或数目的改变，从而使突触的传递效能发生长时程的改变。

海马长时程增强效应（LTP）是记忆形成过程的重要机理。1973 年，Bliss 和 Lomo（1973）首先在兔海马齿状回的颗粒细胞记录细胞外场电位，观察群体兴奋性突触后电位（EPSP）、群体峰电位（PSP）的幅值及斜率、潜伏期和持续时间。高频刺激引起 PSP 及 EPSP 的振幅增大，PSP 的潜伏期缩短。这种易化现象持续的时间可达到 10h 以上。这个现象被称为 LTP。LTP 是学习记忆的神经基础，同时也表明海马在记忆的保存和再现中有重要作用。Ca^{2+} 在 LTP 诱导过程中起着重要的作用。高浓度的 Ca^{2+} 可以直接诱导 LTP。在 LTP 诱导过程中，Ca^{2+} 进入胞内，激活了一系列生化过程，包括与钙调蛋白（CaM）形成复合物，激活钙调蛋白依赖性蛋白激酶Ⅱ（CaMKⅡ）、蛋白激酶 A（PKA）、蛋白激酶 C（PKC）、丝氨酸和苏氨酸激酶等胞内信号通路，触发一系列后续反应。

2.1.4 学习记忆能力损伤与神经退行性疾病

神经退行性疾病是指一组由慢性进行性的中枢神经组织退行性变性而产生的疾病的总称。病理上可见脑和（或）脊髓发生神经元退行变性、特定细胞群的进行性丢失。在临床研究中，很多神经类疾病与学习记忆能力的损伤有关，如阿尔茨海默病、帕金森、抑郁、精神分裂症和癫痫等。阿尔茨海默病是一种病因尚不明确的神经退行性疾病，最早的症状为记忆障碍，认知障碍突出。阿尔茨海默病的主要病理改变为出现老年斑、神经元纤维缠结及大量神经元丧失，主要发生在前脑、海马和大脑皮层，以海马的病理表现及生化改变尤为突出。到目前为止阿尔茨海默病等神经性退行性疾病的发病机理仍然不清楚。有关阿尔茨海默病的发病机理有钙超载学说、代谢紊乱学说、自由基学说等。正常生理性钙浓度是维持神经元正常功能所必需的，如葡萄糖代谢降低会引起 Ca^{2+} 内流增加。过高的 Ca^{2+} 水平激活一系列与细胞毒性有关的酶，引起细胞结构区的破坏，并促进 Tau 蛋白高度磷酸化，导致细胞进一步受损，为阿尔茨海默病病变提供共同通路。另外，脑内谷氨酸升高可使其受体过度激活，并可使 Tau 蛋白产生类神经纤维缠结的聚合物。

环境污染物的暴露可能导致神经系统损伤，增加神经退行性疾病的发病风险。因此，研究 PFOS 对发育神经系统的毒性影响，揭示其发育神经毒性机制，有助于阐明环境污染物暴露与人类神经退行性疾病之间的关联，有利于进行此类疾病的预防和治疗。

2.2 学习记忆能力形成的相关机制

学习和记忆能力作为哺乳动物中枢神经系统的高级机能活动，包括获取、贮存和提取信息的生理和心理过程，其分子细胞学基础是神经突触的可塑性。在记忆形成过程中，大脑受外界环境刺激诱导突触前膜释放神经递质谷氨酸，作用于突触后膜上的谷氨酸受体，引起大量 Ca^{2+} 内流，激活多种 Ca^{2+} 依赖的信号转导通路，引起多种基因蛋白质表达及突触形态和功能的变化。

2.2.1 海马的学习记忆功能

海马是中枢神经系统中的一个重要的组成部分，它在情感、学习和记忆等高级神经活动中起着重要作用。海马结构包括两个主要部分：内侧的齿状回（dentate gyrus，DG）和外侧的海马（hippocampus）。依据细胞形态及发育的差异，海马又分为 CA1、CA2、CA3 及 CA4 区。颗粒细胞是 DG 区的主要细胞类型，锥体细胞则是海马区的主要细胞类型。海马中的基本神经联系是以 EC-DG-CA3-CA1 的三突触回路结构为特征：内嗅皮层（entorhinal cortex，EC）表层细胞经穿通纤维（perforanting fiber）投射到 DG 区颗粒细胞层；DG 区颗粒细胞经苔状纤维（mossy fiber）投射到 CA3 区锥体细胞层；CA3 区锥体细胞层经谢弗侧支（schaffer collateral）投射到 CA1 区锥体细胞层形成突触联系（图 2.4）。海马不仅在空间学习和记忆能力调节中起着重要的作用，而且与多种中枢神经系统疾病有着密切的关系。因此，海马常用以研究神经突触可塑性、学习记忆能力以及神经退行性疾病等，是神经科学和毒理学研究的重要模型。

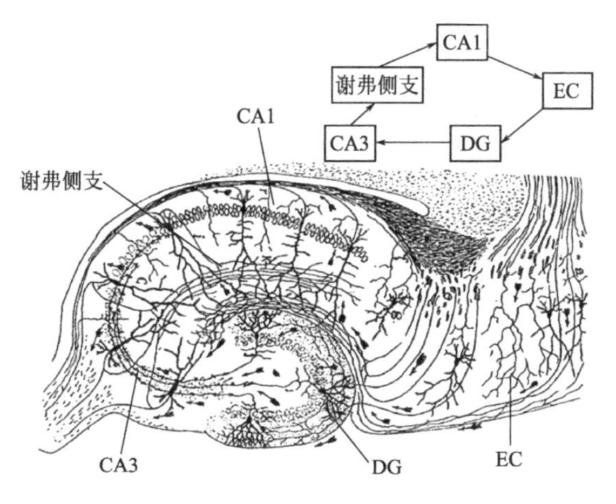

图 2.4 海马结构解剖示意图

2.2.2 突触可塑性与学习记忆

突触是神经元之间传递信息的结构基础，包括突触前膜、突触间隙和突触后膜。突触传递过程中，突触前膜释放神经递质到达突触间隙，扩散到突触后膜，并与其上相应受体结合，改变突触后膜对离子的通透性，改变突触后膜电位、相关基因表达，完成突触传递的过程。突触可塑性就是突触在一定条件下增减数目、改变形态及调整功能的能力，包括传递效能和形态结构的变化，涉及神经元和突触部位的某些蛋白质、受体、神经递质、离子及信使分子的物理化学变化。突触可塑性主要有两种模式，突触传递的长时程增强（long-term potentiation，LTP）和长时程抑制（long-term depression，LTD），是突触传递功能可塑性的重要表现形式，也是研究学习与记忆重要的细胞模型。

1973 年，Bliss 等（1973）发现当给予兴奋性传导通路一串连续的高频刺激（10～20Hz，10～15s 或 100Hz，3～4s），就能引起群体峰电位（population spike potential，PSP）及场兴奋性突触后电位（field excitatory postsynaptic potential，fEPSP）的振幅持久性增大，这个现象被称为 LTP。普遍认为 LTP 是学习记忆过程中细胞水平的可能机制。LTP 的形成机制分为突触前和突触后机制。突触前机制是指突触前膜的变化而引起突触传递功能的增强，即突触前膜释放更多的神经递质使突触传递功能增强，包括囊泡的释放率、囊泡所含递质量或释放递质的位点增加。突触后机制是指突触后的变化引起突触传递功能增强，主要是离子通道的效能改变，包括相应受体的数量与功能等的改变。

研究表明，哺乳动物脑内的突触传递，主要是由谷氨酸介导的兴奋性突触完成的，包括 *N*-甲基-D-天冬氨酸受体（NMDA）受体和 α-氨基羟甲基噁唑丙酸受体（AMPA 受体）。AMPA 受体的主要功能是介导快速的突触传递，是神经系统进行正常信息传递所必需的，而 NMDA 受体的激活对 LTP 的诱导起重要作用。正常生理条件下，突触前膜释放谷氨酸递质分别与突触后膜上 AMPA 受体和 NMDA 受体结合。静息电位时，NMDA 受体通道被 Mg^{2+} 阻塞，Na^{+}、K^{+} 等阳离子可以通过 AMPA 受体，大量阳离子内流引起突触后膜去极化，使得 NMDA 受体通道内阻止 Ca^{2+} 内流的 Mg^{2+} 移开，大量 Ca^{2+} 通过 NMDA 受体通道流入，胞内 Ca^{2+} 浓度升高，继而触发一系列生化反应，包括与钙调蛋白（CaM）形成复合物，激活钙调蛋白依赖性蛋白激酶Ⅱ（CaMKⅡ）、蛋白激酶 A（PKA）和蛋白激酶 C（PKC）等胞内信号通路，使底物磷酸化水平升高，引起更多 AMPA 受体插入到突触后膜上，进而导致突触后细胞对之后谷氨酸的释放反应更为敏感，发生突触增强效应，同时在 LTP 维持过程中需要大量合成与突触生长相关蛋白质（图 2.5）。而 LTD 是由低频刺激引起的，同样谷氨酸释放引起突触后膜去极化，使得钙离子通过 NMDA 受体通道进入，激活蛋白磷酸酶，这些蛋白质的去磷酸化需要维持膜上 AMPA 受体，而有一些 AMPA 受体被运送到细胞内，后续的细胞刺激会引起较弱的突触可塑性反应。

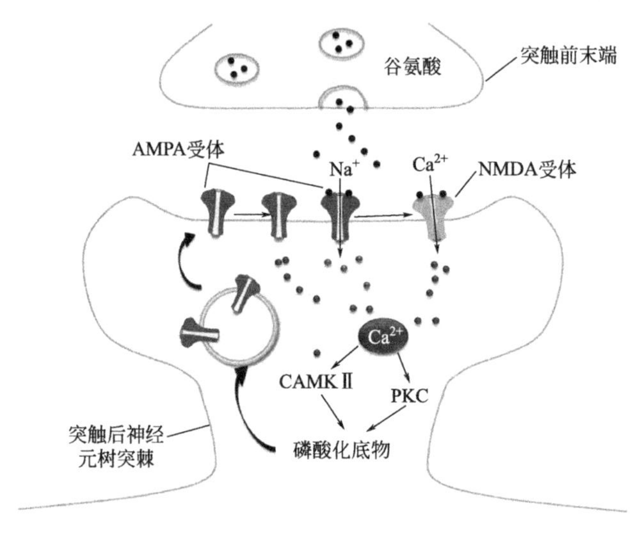

图 2.5　LTP 诱导和维持机制

2.2.3 AMPA 受体与学习记忆

沉默突触，即突触后膜上仅含有 NMDA 受体而没有 AMPA 受体的突触，胞内 AMPA 受体插入突触后膜可以激活沉默突触，AMPA 受体在 LTP 过程中发挥着重要的作用。有研究报道，刚出生的大鼠海马 CA1 区沉默突触的比例可高达 80%，随发育过程数量不断减少，沉默突触转化为功能突触不仅是神经系统发育中的重要现象，也是维持 LTP 的重要机制（Rumpel et al.，1998）。AMPA 受体处于一种循环流动的状态，根据神经元的功能状态通过胞吐和胞吞作用快速地插入突触后致密区或不断从突触后膜上撤离，进入胞内储存于内涵体被降解，或进入新的循环通路。神经元通过调节兴奋性突触后膜上 AMPA 受体的数量和组成改变兴奋性突触的活性和传递效能。这些机制与 LTP 和 LTD 的形成有关，也与许多神经性疾病的机制密切相关。

（1）AMPA 受体结构组成

AMPA 受体普遍存在于在脑组织中，是一种由四种亚基 GluR1～4 组成的四聚体。在不同的脑区亚基的组成不同，在海马 CA3～CA1 突触 AMPA 受体主要是由 GluR1/GluR2 和 GluR2/GluR3 复合体组成，GluR4 受体主要存在于幼年动物中。虽然这些亚基高度同源，但不同的亚基组成却是 AMPA 受体的特性和运输的主要决定因素。AMPA 受体各亚基的胞外结构和跨膜结构非常相似，但是 C 端差别较大，各亚基通过 C 端和不同的胞内蛋白相互作用从而调节亚基的胞内运输过程。同时 C 端还可以与支架蛋白相互作用，这些支架蛋白与信号蛋白及骨架蛋白相关联。这些蛋白质复合物共同影响 AMPA 受体在通道门控、运输以及突触上的定位等多方面的功能。多种机制共同决定了 AMPA 受体的功能和调节突触强度的复杂性。

在成熟的海马兴奋性突触中，AMPA 受体主要由 GluR1/GluR2 组成（Wenthold et al.，1996）。其中 GluR1 亚基在活动依赖性突触可塑性的形成过程中发挥重要作用，敲除 GluR1 可以阻断海马产生 LTP 和 LTD。一般认为 GluR2-GluR3 亚基不断传递到突触后膜在很大程度上独立于突触活动，主要用以维持基础突触状态（Passafaro et al.，2001），而 GluR1-GluR2 亚基主要以 NMDA 受体激活依赖的方式插入突触后膜，在调节突触接收信号刺激引发 LTP 的过程中发挥重要作用。而 GluR2 的 RNA 编辑用精氨酸（R）密码子替换 607 位的谷氨酰胺（Q）密码子，编辑后的 GluR2 调控 AMPA 受体的多种特性，包括 Ca^{2+} 的通透性、通道传导率、受体与谷氨酸的亲和力等。在新生和成年大鼠脑内，几乎100%的 *GluR2* mRNA 的 Q/R 位点处于编辑状态。GluR2 缺乏的受体对 Ca^{2+} 高度通透，即钙离子可透过型 AMPA（Calcium permeable AMPA，CP-AMPA）受体（Bassani et al.，2009）。因此，存在或缺乏 GluR2 亚基可以显著改变 AMPA 受体特性，从而影响突触传递。

（2）AMPA 受体的转运和定位

突触后膜上 AMPA 受体的数量高度可变，处于动态变化过程，对突触传递效率的改变具有重要作用，是突触可塑性的重要机制。AMPA 受体在突触上的数量取决于突触后膜上的胞吞和胞吐作用。在突触增强时受体胞吐作用和循环作用增强，而当胞吞作用增强时会导致 LTD（Kessels et al.，2009）。AMPA 受体的运输需要两个阶段：第一阶段发生在胞浆内，是由动力/驱动蛋白依赖的含有 AMPA 受体的囊泡的运输，AMPA 受体由轴突的内质网和高尔基体组装运送到树突，并经驱动蛋白依赖的小泡和微管运输插入质膜；第二阶段发生在胞膜，是由 SNARE 介导的质膜融合。最近的研究表明，肌球蛋白 Va 和 Vb 作为 Ca^{2+} 敏感的驱动蛋白可以运输含有 AMPA 受体的囊泡及 SNAP-23 和突触融合蛋白-4 到突触后膜（Correia et al.，2008）。AMPA 受体可以在轴突或树突的突触外插入胞膜然后通过侧向扩散到达树突棘。但是有关 AMPA 受体胞吐的精确位点仍在争论中。另一方面，由网格蛋白和驱动蛋白介导的 AMPA 受体的胞吞作用主要发生在轴/树突胞膜表面和与突触后密集区相邻的胞吞区。根据不同的刺激形式，AMPA 受体内化会经历不同的分选过程，可能被引导循环回到胞膜表面，也可能被溶酶体消化。AMPA 受体在细胞内的转运路径见图 2.6。

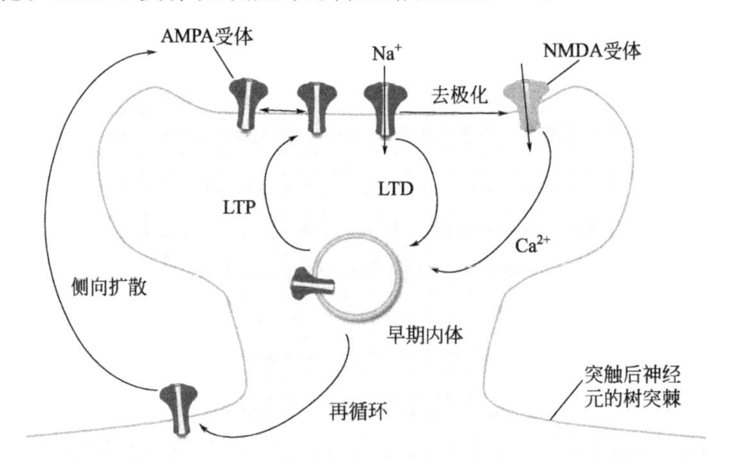

图 2.6　AMPA 受体运输路径

(3) AMPA 受体的调控

AMPA 受体在脑组织中的动态分布具有十分重要的意义，特别这些受体是如何运输、分布及撤离突触。其中的调控机制主要由 AMPA 受体亚基胞内 C 端调节域、突触后致密区（PSD）的成分及胞吞和胞吐过程中相关蛋白质的相互作用来调节。突触后致密区存在高密度的谷氨酸受体，通过一些细胞支架蛋白和细胞骨架分子与信号蛋白连接在一起，PSD-95 可通过 PDZ 等结构域和谷氨酸受体结合形成大分子复合物，有助于 AMPA 受体在突触后致密区的锚定，在信号转导过程中具有关键性作用。谷氨酸受体作用蛋白（GRIP）也是一个含有 PDZ 结构域的蛋白质，可以与 AMPA 受体亚基 GluR2 及 GluR3 的 C 端相互作用，参与调节 AMPA 受体在突触中的分布与功能，包括 GRIP1 和 GRIP2 两个亚型，含有 7 个 PDZ 结构域，可与多种不同的配体蛋白结合形成一个大的调节复合体（Dong et al.，1999）。GluR2 Ser-880 位点的磷酸化会影响其与 GRIP 之间的相互作用，而使其与 PKC 作用蛋白 1（PICK1）相连，可能会导致 GluR2 内化从突触上撤离。现已证实 PICK1 与 GluR2 的相互作用对于海马和小脑内 LTD 诱导必不可少，PICK1 与 GluR2 连接，促进 AMPA 受体内吞，减少 AMPA 受体在突触膜上的数量，从而诱发 LTD 的产生。有研究表明，在海马 CA1 区 PICK1 下调 AMPA 受体中的 GluR2 亚基的表达，从而提高突触传递强度（Akira et al.，2004）。目前，不同信号通路间的相互作用和 AMPA 受体相互作用蛋白质间的分子调控机制是调节 AMPA 受体的运输，进而调控突触可塑性和学习记忆方面的主要机制之一。

2.2.4 钙稳态与学习记忆

钙离子是神经系统信号传递过程中的基础。钙稳态的维持受到钙通道、钙泵、钙结合蛋白、线粒体和内质网钙库等多个因素的调节，参与神经细胞突触传递、递质释放、酶系统激活和突触可塑性改变等多种神经活动，对学习记忆过程起着重要作用，同时也与衰老及阿尔茨海默病引起的学习记忆障碍之间有着密切关系。

LTP 是学习记忆的神经基础，是研究突触可塑性的理想模型。Ca^{2+} 在 LTP 的诱导和维持过程中发挥了重要作用。LTP 的诱导触发需要 Ca^{2+} 内流进入突触后膜，突触后膜钙离子浓度升高是 LTP 产生的必要条件之一。向突触后神经元细胞注射 Ca^{2+} 螯合剂会抑制 LTP 的诱导。NMDA 受体通道、电压依赖型钙通道及细胞内钙库都是突触后膜 Ca^{2+} 浓度升高的主要影响因素。在大多数LTP的诱导过程中，NMDA受体通道的激活和突触后钙依赖的第二信使系统的激活被认为是CA1区LTP诱导所必需的。然而随着非NMDA依赖性LTP的发现，L型电压依赖钙通道的激活也被证明在LTP过程中发挥重要作用，L型电压依赖钙通道的拮抗剂会抑制LTP的诱导，并具有剂量效应，但L型电压依赖钙通道的激动剂不会增强LTP的效应。同时，钙库上雷诺丁受体（RyRs）和肌醇1,4,5-三磷酸受体（IP_3Rs）也被报道参与了LTP诱导过程。在LTP的维持过程中，需要Ca^{2+}激活钙依赖性酶及多种蛋白激酶级联反应增强突触传递效能。AMPA受体参与LTP表达和维持过程，当发生LTP时，主要表现为突触后AMPA受体的数量和效率增加，蛋白激酶CaMKⅡ激活磷酸化AMPA受体亚基，从而改变了通道通导率和开放率。钙离子的变化同时调节LTP和LTD之间的平衡，少量Ca^{2+}的增加会引起LTD，而LTD可能会不断地删除由LTP新形成的记忆（Berridge，2011）。

随着年龄的增长，神经系统老化导致各种神经功能障碍，引起神经系统钙稳态失调，从而影响学习记忆能力，导致衰老性记忆障碍。比较不同月龄的大鼠脑区突触内游离Ca^{2+}的浓度，发现老龄大鼠海马组织游离Ca^{2+}浓度明显升高，同时老龄大鼠在回避实验中记忆保持力明显减退，提示衰老与动物脑内钙离子自体钙平衡失调有关。因而使用钙通道拮抗剂可以改善学习记忆能力，对阿尔茨海默病（Alzheimer's disease，AD）等多种神经退行性疾病有治疗作用。AD的钙离子假说认为，AD主要是由β淀粉样蛋白（Aβ）的形成和积聚引起，Aβ代谢过程异常会影响神经元钙离子信号通路的变化，进而引起记忆功能减退和神经细胞凋亡现象增加。在AD发病过程中钙离子浓度的变化除了通过钙通道内流及钙库的释放，β淀粉样蛋白（Aβ）也起着重要的作用。Aβ不仅能激活膜上受体通道使Ca^{2+}流入，Aβ低聚物自身也会形成通道使钙离子进入。在衰老的动物中钙平衡的破坏除了因为大量Ca^{2+}的流入，Ca^{2+}外排机制失调可能是另一个导致钙超载的原因。

2.3 全氟化合物的发育神经毒性

2.3.1 PFOS的发育神经毒性效应

PFOS能够通过胎盘屏障进入胚胎，或以母乳喂养方式进入幼体，并通过血脑屏障在脑组织中富集，因此孕期和生命早期 PFOS 暴露引起的神经发育损伤备受关注。许多研究表明，PFOS 会在脑部蓄积，在一些大脑样本中检测到的 PFOS 浓度是其他 PFCs 浓度的 10～100 倍，提示了 PFOS 潜在的神经毒性风险。

国内外学者利用不同种属实验动物对多种神经行为终点进行检测，见表 2.1。PFOS 暴露能引起动物行为学的改变，甚至出现惊厥和易激惹现象。小鼠孕期暴露 6mg/(kg·d)（以体重计）PFOS 导致运动神经成熟滞后，如抓力、爬行力和前肢力量减弱。大鼠从妊娠第 1 天（GD 1）至产后第 20 天（PND 20）连续暴露不同浓度 PFOS，高剂量组 [1.0mg/(kg·d)，以体重计] 仔鼠自主活动能力增强，习惯性行为减弱。在 Johansson 等（2008）对幼鼠的暴露研究中也出现相似的结果，暴露组中动物表现出过度活跃和缺乏适应性的症状。然而在 Fuentes 等（2007）对成年小鼠连续暴露 4 周的研究

表 2.1　PFOS 暴露对神经行为的研究

种类	暴露剂量和方式	行为影响	参考文献
新生大鼠	母鼠经口暴露 3mg/kg PFOS，GD 2～GD 21	无作用	Lau et al.，2003
新生大鼠	母鼠经口暴露 0.1mg/(kg·d)、0.4mg/(kg·d)、1.6mg/(kg·d)、2mg/(kg·d) PFOS 42 天，交配前至哺乳第 20 天	1.6mg/kg 暴露组子代表现出发育延迟现象	Luebker et al.，2005
新生大鼠	母鼠经口暴露 0.1mg/kg、0.3mg/kg、1.0mg/kg PFOS，GD 0～PND 20	高剂量组雄性大鼠表现出运动活动增加，习惯化程度降低	Butenhoff et al.，2009
成年雄性小鼠	灌胃暴露，3mg/(kg·d) 和 6mg/(kg·d) PFOS 4 周	对旷场实验和停留测试产生较小的影响	Fuentes et al.，2007
新生小鼠	母鼠经口暴露 6mg/(kg·d) PFOS，GD 12～GD 18	神经运动成熟延迟，运动能力减弱	Fuentes et al.，2007
新生雄性小鼠	小鼠 PND 10 单次经口暴露 0.75mg/(kg·d) 和 11.3mg/kg PFOS	高剂量组影响 2、4 月龄小鼠自发行为和习惯化行为	Johansson et al.，2008
新生小鼠	母鼠经口暴露 6mg/(kg·d) PFOS，GD 12～GD 18	在产前暴露的小鼠在旷场中心停留时间更长	Ribes et al.，2010
鸡	受精卵注射 0～5mg/kg 或 10mg/kg PFOS	孵化第一天印迹能力降低	Pinkas et al.，2010
斑马鱼	0.5μmol/L PFOS 水溶液	刺激后影响游泳速度	Chen et al.，2013
斑马鱼幼鱼	0.1mg/L 和 1mg/L PFOS 水溶液	高剂量组表现持续兴奋	Spulber et al.，2014

结果发现，PFOS对其运动行为的影响很小。因此与成年动物相比，孕期PFOS暴露显然具有更强和更持续的神经毒性，这可能与胚胎血脑屏障发育不完全以及胚胎期的脑组织对神经毒性化学物更敏感有关。同时，在其他实验动物中也观察到PFOS暴露引起的行为学变化，如用PFOS处理鸡和鱼的受精卵，会引起出生后小鸡印迹行为发生改变，斑马鱼的游泳速率提高。

动物的自发的行为是对认知输入转化为肌肉输出的一个整合过程，也就是说动物对环境的适应能力是对之前已获得的信息的整合，从而可以用来评价认知功能。本实验室前期研究发现，PFOS暴露会造成仔鼠发育迟缓和学习记忆能力下降，在水迷宫实验中表现为逃避潜伏期的增长和空间探索能力的下降（王玉等，2013）。关于PFOS对认识和学习记忆能力的研究，因为暴露剂量和暴露模式的差异，造成行为学损伤的类型和程度也不同。Fuentes等（2007）对连续暴露4周的小鼠进行水迷宫实验中发现，在探索实验中3mg/(kg·d) PFOS暴露组在目标象限停留时间显著短于对照组，提示PFOS暴露对空间记忆能力的损伤。而Lau等（2003）发现大鼠从GD 0至PND 20暴露PFOS后，并未造成显著的学习记忆能力的变化，在T迷宫的实验中PFOS暴露组与对照组之间没有显著差别。

2.3.2 PFOS的发育神经毒性机制

目前认为PFOS发育神经毒性潜在的机制主要有以下几方面：影响神经元钙稳态及其信号通路；影响突触发生和突触可塑性；影响神经递质如多巴胺、谷氨酸和乙酰胆碱的水平；通过氧化损伤诱导神经细胞凋亡；影响甲状腺系统。

（1）干扰钙稳态及其信号通路

Ca^{2+}在神经系统功能调节方面起着重要作用，参与突触发生和突触可塑性改变、神经递质释放、细胞信号转导等分子机制，与学习记忆、神经行为及活动等功能密切相关。从体内和体外多项研究实验证明PFOS暴露会影响神经元细胞内钙稳态。刘冰等（2005）用不同浓度PFOS灌胃染毒大鼠，结果发现暴露后大鼠海马细胞内的钙离子浓度显著升高，且与染毒剂量具有正相关性。此后利用交叉哺育模型对大鼠不同发育阶段暴露PFOS进一步进行研究，结果发现PFOS可导致大鼠皮层、海马组织Ca^{2+}浓度升高，并具有剂量效应关系，且胚胎期暴露效果更显著。体外实验研究显示，Harada等（2005）通过全细胞膜片钳记录的方法发现PFOS能影响L型钙通道而使大鼠小脑浦肯野细胞内钙离子浓度（$[Ca^{2+}]_i$）显著升高。Liao 等（2008）进一步证明 PFOS 急性灌流大鼠海马脑片可诱导神经元 Ca^{2+} 通道开放，引起 Ca^{2+} 内流，且能被 L 型钙通道抑制剂所阻断。此外，PFOS 暴露引起细胞内钙超载，不仅会通过钙通道使细胞外源性钙离子流入，还会通过细胞内源性钙库通道向细胞质中释放。在无外源性钙源的条件下，PFOS 仍然可以通过激活钙库上肌醇 1,4,5-三磷酸受体（IP_3Rs）和雷诺丁受体（RyRs）使 $[Ca^{2+}]_i$ 升高。

（2）影响神经递质

神经递质的释放可导致神经兴奋性神经毒性作用增强。乙酰胆碱是一种兴奋性神经递质，研究表明 PFOS 会影响乙酰胆碱系统，降低胆碱乙酰转移酶（ChAT）活性（Lau et al.，2003）。谷氨酸是中枢神经系统中最主要的兴奋性神经递质，谷氨酸对突触信号转导和突触可塑性等方面具有重要意义。然而谷氨酸也是一种潜在的神经毒素，其引起的兴奋性毒性可能导致神经元死亡。有研究表明 PFOS 会引起中枢神经系统中兴奋性氨基酸浓度升高，通过免疫组化方法发现 PFOS 暴露使组织切片中谷氨酸反应阳性细胞比例增大，在小鼠的研究中也发现 PFOS 暴露会使脑组织中谷氨酸含量升高，同时导致大脑超微结构损伤及小鼠的空间学习记忆能力的降低。Liao 等（2008）利用膜片钳技术发现 PFOS 暴露会影响神经元谷氨酸电流，这与之前的研究是一致的。PFOS 还可能通过改变谷氨酸的含量，进而影响受体通道的激活。有研究表明，PFOS 会影响 *N*-甲基-D-天冬氨酸（NMDA）受体亚基 NR2B 表达，诱导 NMDA 受体开放，加剧钙离子内流，引起细胞内钙超载。然而 PFOS 对其他谷氨酸受体通道的影响还不清楚，如 α-氨基羟甲基噁唑丙酸（AMPA）受体。

（3）影响突触发生和突触可塑性

有研究显示，PFOS 可能通过影响神经元的生长分化和突触发生过程而导致发育神经毒性。Liao 等（2008）用 PFOS 急性处理原代海马神经元，导致海马神经突生长及突触的发生过程受到抑制。Johansson 等（2009）发现 PND 10 新生小鼠暴露 PFOS 会影响其神经发育和与突触发生相关的蛋白质表达，如突触小泡蛋白和 GAP-43。胚胎期暴露 PFOS 会诱导突触蛋白 1、突触蛋白 2 和突触小泡蛋白的表达显著下调，引起海马的突触亚细胞结构发生改变，提示这些变化可能和 PFOS 引起的认知功能障碍有密切关联。利用交叉哺育模型，Wang 等（2015）对哺乳期及胚胎期 PFOS 暴露研究发现，参与神经发育的关键蛋白（GAP-43、NCAM1、NGF、BDNF）的表达水平受到抑制，且在出生前暴露组出现显著性差异。这些蛋白质的活性与认知功能有关，同时参与胞吐作用及神经递质传递，其基因表达水平改变将影响突触可塑性和突触后膜长时程增强（LTP），干扰神经系统发育，导致仔鼠认知功能缺陷。

（4）通过氧化损伤诱导神经细胞凋亡

细胞凋亡也是导致神经毒性的机制之一。PFOS 会引起细胞肿胀、染色质固缩、凋亡小体出现等凋亡特征性变化。Ca^{2+} 内流和聚积被认为是细胞凋亡的共同途径，对钙依赖的与细胞凋亡密切相关的基因和蛋白质表达进行研究，发现 PFOS 可能通过诱导细胞内钙离子水平升高，激活钙离子关联的凋亡相关基因，抑制 BCL-2 蛋白的表达，造成海马细胞的凋亡升高，这可能是发育期 PFOS 暴露的神经行为毒性的机制之一（Wang et al.，2015）。PFOS 也可能通过氧化损伤诱导神经细胞发生凋亡现象，研究证明 PFOS 可引起线粒体膜势能降低，导致线粒体功能障碍，诱导细胞色素 c 等凋亡因子的释放，启动核内凋亡通路，同时诱导产生活性氧（ROS），对神经细胞造成氧化损伤。

（5）干扰甲状腺激素

PFOS 还对甲状腺激素有干扰作用。甲状腺是内分泌系统的一个重要器官，与中枢神经系统的发育过程紧密联系。甲状腺激素（TH）对大脑发育和维持神经系统的兴奋性有重要的意义。研究发现，孕期母鼠 PFOS 暴露能够显著降低仔鼠血清中 T4 的水平。在体外实验模型 PC12 细胞研究中发现，PFOS 会通过影响 TH 的活性，造成甲状腺功能减退。与其他 PFCs 相比，PFOS 和 T4 竞争结合甲状腺素转运蛋白（TTR）的能力最强。

另外，利用基因芯片技术对 PFOS 暴露后仔鼠在出生后基因显著性差异表达分析表明，受 PFOS 潜在影响的神经功能和生物过程包括：中枢神经系统发育、神经发生、长时程增强或抑制（LTP/LTD）、学习与记忆、神经递质传递和突触可塑性等。LTP 是差异 mRNA 与差异 miRNA 共同相关的唯一神经生物路径。mRNA 芯片结果显示 LTP 早期形成过程中的关键蛋白质在 PND7 显著上调表达。miRNA 表达谱研究得到的 5 种差异表达最显著的 miRNA 均参与调控了突触长时可塑性相关蛋白质的基因转录或翻译过程，提示 PFOS 对突触可塑性 LTP 的潜在干扰作用。同时，芯片结果经基因本体（gene ontology，GO）分析后得到大量与突触可塑性相关的生物过程，如 Ca^{2+} 稳态及转运、细胞信号传递、神经递质释放等相关过程。然而有关于 PFOS 的神经毒性机制的研究还非常有限，PFOS 作用的关键效应靶点、作用方式以及致毒分子机理等诸多科学问题有待深入阐明。

2.4 全氟化合物的神经内分泌干扰毒性

PFOS的神经毒性还体现在它能够与神经内分泌系统关键因子相互作用，干扰神经内分泌系统。甲状腺是内分泌系统的一个重要器官，和神经系统紧密联系。甲状腺激素（TH）主要包括T3和T4，对大脑发育和维持神经系统的兴奋性有重要的意义。甲状腺干扰物已被认为是继环境雌激素之后最重要的一类内分泌干扰物，研究表明TH在发育期间更易受到干扰。妊娠期TH缺乏可能造成子代的认知障碍。血浆中TH通常被用来作为环境污染物的接触生物标志物（Jenssen，2006）。对北极海鸟的两项研究表明，PFOS暴露和总T3及T4水平呈现显著相关性（Nost et al.，2012）。对PFOS干扰发育期TH变化的研究表明，出生前或者出生后暴露PFOS均能造成T4的降低，且胚胎期造成的T4降低水平与出生后暴露的降低水平相当。非洲爪蟾蝌蚪暴露于PFOS 6个月后，其甲状腺出现滤泡上皮细胞增生、胶质减少甚至空泡化等现象，且呈剂量-效应关系；睾丸组织的雌性化和雌雄性比的异常升高，表现出明显的甲状腺激素干扰效应（刘青坡 等，2008）。Weiss等（2009）评价了几种PFCs和T4竞争结合TTR的能力，结果表明PFOS在一系列PFCs中具有较强的TTR竞争结合能力。这些研究表明PFCs能够降低TH，特别是T4的水平，从而造成甲状腺功能减退。但是有报道称PFOS暴露致TH水平降低后，未出现代偿性TSH的增加。Chang等（2008）报道大鼠一次性暴露于15mg/kg PFOS后的6 h内，fT4出现短暂的增加，TSH降低，同时伴随着尿苷二磷酸葡萄糖醛酸转移酶转录水平的增高。母鼠在孕期至生产后20天进行PFOS暴露，并未对促甲状腺激素及甲状腺组织产生明显影响。上述研究表明，PFOS具有潜在的甲状腺干扰作用，但机制尚不清楚，这与流行病学调查结果类似。Yu等（2011）的研究结果显示，PFOS能够诱导肝脏尿苷二磷酸葡萄糖醛酸转移酶mRNA表达上调，显著抑制肝脏中脱碘酶基因的表达。这提示PFOS可能通过干扰甲状腺激素的代谢和降解过程，引发肝脏毒性。有关PFOS的内分泌干扰毒性仍需要进一步研究和更多的数据支持。

2.5 全氟化合物暴露与神经退行性疾病

AD是一种常见的中枢神经退行性疾病，以渐进性记忆障碍、认知功能障碍以及精神行为异常为主要临床表现。随着世界人口老龄化问题加剧，预计到2050年全球AD患病人数达1亿人，AD已成为影响人类死亡的第三大病因。AD的特征性病理包括脑部Aβ沉积形成老年斑和Tau蛋白过度磷酸化形成神经纤维缠结。

越来越多的研究表明，神经退行性疾病的发病机制与环境触发和发育早期暴露有关，而且认为长时间低剂量的环境污染物的暴露是引发神经退行性疾病的潜在原因。英国学者早在1992年提出胎源假说（Barker Hypothesis），胎儿时期的宫内环境是导致某些成人慢性疾病的重要原因（Barker et al.，1993）。除了一些动物实验研究证明早期农药暴露与帕金森疾病（PD）之间的关系，一些流行病学调查也发现了胚胎期暴露铅、水银、多氯联苯对大脑发育明显的不可逆的影响，如引起关键脑区神经元数量的减少等。有研究表明，环境污染物暴露会增加神经退行性疾病发病率，如阿尔茨海默病和帕金森等。已被证明MPTP（1-甲基-4-苯基-1,2,3,6-四氢吡啶）能够通过破坏大脑黑质中产生多巴胺的神经细胞而引起类似于帕金森病的症状。一些农药如百草枯和代森锰，因具有和MPTP相似的结构或能增强MPTP的摄入而被发现可能会增加PD的致病风险（Mccormack et al.，2002）。农药鱼藤酮在大鼠实验中能引起和PD相似的临床和病理特征，包括选择性多巴胺能神经系统退化及运动紊乱。农药以及有机化合物暴露问题广泛存在于人群中，在一些PD患者脑内发现有较高水平的有机氯农药存在。在一个关于法国老年人的研究中发现，农药的职业暴露与低认知能力及AD或PD的发病风险之间存在相关性。

一些重金属如铅、锰、汞都在神经退行性疾病的发病中起着重要作用。儿童暴露于铅，甚至是非常低水平的铅都会引起认知功能的下降，而且直至成年后仍持续表现为智商（IQ）分值下降和行为的改变。在一生中平均血铅浓度每升高10μg/dL IQ分值会降低4.6分（Schwartz et al.，2000）。另外，儿童体内铅水平的增加与其在学校里的排名、词汇和语法分值、手眼协调能力的降低有关。成年职业铅暴露与较差的神经行为测试分值、动手能力、执行能力、语言能力及言语记忆有关。而人体必需的微量元素锰的慢性职业暴露会导致其在基底神经节蓄积，引起锰中毒，出现震颤、僵直和精神紊乱等问题。

有研究表明这些重金属离子会和淀粉样蛋白直接结合或通过间接作用影响Aβ的聚积，这是神经退行性疾病的发病过程中的一个关键事件。在AD患者脑内的淀粉样蛋白斑块中检测到大量的Cu和Zn，而Mn、Pb、Hg可能是通过和Cu和Zn间接作用而影响Aβ聚集，Fe在脑内平衡被破坏也会增加AD发病率，而静电平衡被破坏可能是其中的主要原因。Wu等（2008）对猴子的研究发现，幼儿期Pb暴露会导致老年猴子脑中AD相关的基因*app*和*bace-1*表达升高及淀粉样斑块的形成。同时，一些非金属离子也被认为是引起神经紊乱的环境风险因子。大鼠连续3个月暴露苯并芘，引起Tau蛋白表达升高，在T181、S199和T231位点Tau蛋白过度磷酸化，并在动物水迷宫试验中表现出空间学习和记忆能力受损，且随着暴露剂量的增加和暴露时间的延长损伤趋于严重（Nie et al.，2013）。刚断奶的大鼠暴露氯氰菊酯会引起AD的关键蛋白Aβ和磷酸化Tau蛋白在海马和皮质组织中呈剂量依赖效应增加。然而，目前只开展了少量的环境污染物早期暴露对成年后神经毒性研究，而且暴露模式设计也没考虑胚胎期暴露对成年后的远期影响。日后关于发育神经毒性的研究，暴露模式不仅应包含母体子宫胚胎暴露，而且应该在孕前较长一段时间开始暴露，这样才能更好地模拟真实暴露情况。

参考文献

刘冰，于麒麟，金一和，等，2005.全氟辛烷磺酸对大鼠海马神经细胞内钙离子浓度的影响.毒理学杂志，19（S1）：225-226.

刘青坡，钱丽娟，郭素珍，等，2008.全氟辛磺酸（PFOS）对非洲爪蟾（*Xenopus laevis*）生长发育、甲状腺和性腺组织学的影响.生态毒理学报，05：464-472.

王玉，张倩，刘薇，等，2013.胚胎期和哺乳期全氟辛烷磺酸（PFOS）暴露致大鼠学习记忆能力下降.生态毒理学报 ISTIC，8（5）：671-677

Akira T，Lucy C，Dev K K，et al.，2004. Regulation of synaptic strength and AMPA receptor subunit composition by PICK1. Journal of Neuroscience the Official Journal of the Society for Neuroscience，24（23）：5381-5390.

Bliss T V，Lomo T，1973. Long-lasting potentiation of synaptic transmission in the dentate area of the anaesthetized rabbit following stimulation of the perforant path. Journal of Physiology，232（2）：331-356.

Barker D J，Osmond C，Simmonds S J，et al.，1993. The relation of small head circumference and thinness at birth to death from cardiovascular disease in adult life. Bmj Clinical Research，306（6875）：422-426.

Bassani S，Valnegri P，Beretta F，et al.，2009. The GLUR2 subunit of AMPA receptors：synaptic role. Neuroscience，158（1）：55-61.

Butenhoff J L，Ehresman D J，Chang S C，et al.，2009. Gestational and lactational exposure to potassium perfluorooctanesulfonate（K＋PFOS）in rats：developmental neurotoxicity. Reproductive Toxicology，27（3-4）：319-330.

Berridge M J.，2011. Calcium signalling and Alzheimer's disease. Neurochemical Research，36 (7)：1149-1156.

Correia S，Bassani S，Brown T，et al.，2008. Motor protein-dependent transport of AMPA receptors into spines during long-term potentiation. Nature Neuroscience，11 (4)：457-466.

Chang S，Thibodeaux J R，Eastvold M L，et al.，2008. Thyroid hormone status and pituitary function in adult rats given oral doses of perfluorooctanesulfonate (PFOS). Toxicology，243 (3)：330-339.

Chen J，Das S R，Du J L，et al.，2013. Chronic PFOS exposures induce life stage-specific behavioral deficits in adult zebrafish and produce malformation and behavioral deficits in F1 offspring. Physica Status Solidi，32 (1)：201-206.

Dong H Z P，Song I，Petralia，R S，et al.，1999. Characterization of the glutamate receptor-interacting proteins GRIP1 and GRIP2. Journal of Neuroscience the Official Journal of the Society for Neuroscience，19 (16)：6930-6941.

Fuentes S，Vicens P，Colomina M T，et al.，2007. Behavioral effects in adult mice exposed to perfluorooctane sulfonate (PFOS). Toxicology，242 (1-3)：123-129.

Harada K，Xu F，Ono K，et al.，2005. Effects of PFOS and PFOA on L-type Ca^{2+} currents in guinea-pig ventricular myocytes. Biochemical and Biophysical Research Communications，329 (2)：487-494.

Jenssen B M，2006. Endocrine-disrupting chemicals and climate change：a worst-case combination for arctic marine mammals and seabirds? Environmental Health Perspective，1141：76-80.

Johansson N，Fredriksson A，Eriksson P，2008. Neonatal exposure to perfluorooctane sulfonate (PFOS) and perfluorooctanoic acid (PFOA) causes neurobehavioural defects in adult mice. Neurotoxicology，29 (1)：160-169.

Johansson N，Eriksson P，Viberg H，2009. Neonatal exposure to PFOS and PFOA in mice results in changes in proteins which are important for neuronal growth and synaptogenesis in the developing brain. Toxicological Sciences，108 (2)：412-418.

Kessels H，Malinow R，2009. Synaptic AMPA Receptor Plasticity and Behavior. Neuron，61 (3)：340-350.

Lau C，Thibodeaux J R，Hanson R G，et al.，2003. Exposure to perfluorooctane sulfonate during pregnancy in rat and mouse. Ⅱ：postnatal evaluation. Toxicological Sciences，74 (2)：382-392.

Luebker D J，Case M T，York R G，et al.，2005. Two-generation reproduction and cross-foster studies of perfluorooctanesulfonate (PFOS) in rats. Toxicology，215 (1)：126-148.

Liao C，Li X，Wu B，et al.，2008. Acute enhancement of synaptic transmission and chronic inhibition of synaptogenesis induced by perfluorooctane sulfonate through mediation of voltage-dependent calcium channel. Environmental Science & Technology, 42 (14): 5335-5341.

Mccormack A L, Mona T, Manning-Bog A B, et al., 2002. Environmental risk factors and Parkinson's disease: selective degeneration of nigral dopaminergic neurons caused by the herbicide paraquat. Neurobiology of Disease, 10 (2): 119-127.

Nost T H, Helgason L B, Harju M, et al., 2012. Halogenated organic contaminants and their correlations with circulating thyroid hormones in developing Arctic seabirds. Science of the Total Environment, 414: 248-256.

Nie J, Duan L, Yan Z, et al., 2013. Tau hyperphosphorylation is associated with spatial learning and memory after exposure to benzo [*a*] pyrene in SD rats. Neurotoxicity Research, 24 (4): 461-471.

Passafaro M, Piëch V, Sheng M, 2001. Subunit-specific temporal and spatial patterns of AMPA receptor exocytosis in hippocampal neurons. Nature Neuroscience, 4 (9): 917-926.

Pinkas A, Slotkin T A, Brick-Turin Y, et al., 2010. Neurobehavioral teratogenicity of perfluorinated alkyls in an avian model. Neurotoxicology and Teratology, 32 (2): 182-186.

Rumpel S, Hatt H, Gottmann K, 1998. Silent synapses in the developing rat visual cortex: evidence for postsynaptic expression of synaptic plasticity. Journal of Neuroscience the Official Journal of the Society for Neuroscience, 18 (21): 8863-8874.

Ribes D, Fuentes S, Torrente M, et al., 2010. Combined effects of perfluorooctane sulfonate (PFOS) and maternal restraint stress on hypothalamus adrenal axis (HPA) function in the offspring of mice. Toxicology and Applied Pharmacology, 243 (1): 13-18.

Schwartz B S, Stewart W F, Bolla K I, et al., 2000. Past adult lead exposure is associated with longitudinal decline in cognitive function. Neurology, 55 (55): 1144-1150.

Spulber S, Kilian P, Wan I W, et al., 2014. PFOS Induces Behavioral Alterations, Including Spontaneous Hyperactivity That Is Corrected by Dexamfetamine in Zebrafish Larvae. Plos One, 9 (4): e94227.

Wenthold R J, Petralia R S, J I I, Blahos, et al., 1996. Evidence for multiple AMPA receptor complexes in hippocampal CA1/CA2 neurons. Journal of Neuroscience the Official Journal of the Society for Neuroscience, 16 (6): 1982-1989.

Wu J, Basha M R, Brock B, et al., 2008. Alzheimer's disease (AD) -like pathology in aged monkeys after infantile exposure to environmental metal lead (Pb): evidence for a developmental origin and environmental link for AD. Journal of Neuroscience, 28 (1): 3-9.

Weiss J M, Andersson P L, Lamoree M H, et al., 2009. Competitive binding of poly-and perfluorinated compounds to the thyroid hormone transport protein transthyretin. Toxicological Sciences, 109 (2): 206-216.

Wang Y, Zhao H, Zhang Q, et al., 2015. Perfluorooctane sulfonate induces apoptosis of hippocampal neurons in rat offspring associated with calcium overload. Toxicol Res, 4 (4): 931-938.

Yu W, Liu W, Liu L, et al., 2011. Perfluorooctane sulfonate increased hepatic expression of OAPT2 and MRP2 in rats. Archives of Toxicology, 85 (6): 613-621.

第 3 章 全氟辛烷磺酸对大鼠神经细胞凋亡及机制研究

3.1 全氟辛烷磺酸暴露对大鼠海马神经发育关键因子的影响

空间学习和记忆能力的形成和完善本质上依赖于神经系统发育过程的完整性。神经系统的发育阶段包括神经管的形成和分化、各种功能组织构型的建立、轴突的生长、突触的形成等多重过程。全基因组 DNA 分析研究表明，PFOS 暴露能够干扰发育神经系统的多项进程，miRNA 分析表明 PFOS 暴露能够显著改变与突触传递相关的 miRNAs 的表达。神经系统发育异常可能导致行为缺陷等相关疾病的发生。发育期 PFOS 暴露能够造成仔鼠空间学习记忆能力的下降，但造成这一现象的机制仍然未知。

在神经系统发育期间，有几种关键蛋白质参与神经发育的形成。生长关联蛋白 43（growth associated protein-43，GAP-43）广泛存在于神经元细胞，是一种快速轴突运输蛋白和神经组织特异性磷酸化蛋白，与细胞及组织整体发育有关，参与神经细胞外生长及突触发育形成和神经细胞再生，在神经元发育和再生过程中以高水平表达，能调节轴突延伸作用，被视作轴突生长的标志性蛋白。神经细胞黏附因子 1（neural cell adhesion molecule 1，NCAM1）是一种多功能的跨膜蛋白，能介导细胞之间及细胞与细胞外基质间相互作用，并参与突触的生长和连接，在跨膜信号的转导、学习和记忆等方面均起着重要作用。研究发现大鼠注入 NCAM 抗体后，在大鼠海马 CA1 区检测到神经元的活动减少，表明 NCAM 参与调节了学习和记忆能力。GAP-43 和 NCAM1 是神经发育必需的膜蛋白，而神经生长因子（nerve growth factor，NGF）和脑源性神经营养因子（brain-derived neurotrophic factor，BDNF）则是神经营养因子家族的重要成员，调节神经元的存活、分化和生长，并参与 LTP。NGF 主要参与调节周围和中枢神经元的发育。研究表明，老年大鼠灌注 NGF 后，表现出空间记忆能力的增强，且神经元细胞体积变大。BDNF 能够促进受损伤神经元再生及分化，防止神经元受损伤死亡。当动物通过径向臂迷宫训练，记忆能力得到改善后，可检测到 *bdnf* 基因的表达水平明显增加。这些蛋白质在神经系统的调节和修复中均发挥着重要作用。因此，进一步探讨 PFOS 对大鼠海马神经发育关键因子的影响，对 PFOS 干扰学习和记忆能力的机制研究是十分必要的。

为了揭示 PFOS 暴露影响学习记忆能力的作用机制，阐明 PFOS 引起的发育神经损伤的特征，本章考察了 PFOS 暴露后引起的参与神经发育的关键蛋白质（GAP-43、NCAM1、NGF、BDNF）的表达水平及在转录水平的变化特征，比较出生前后不同时期暴露 PFOS 对神经发育关键蛋白和基因的影响，从而进一步阐明 PFOS 造成仔鼠学习记忆能力下降的神经发育相关机制。

3.1.1 交叉哺育模型的建立

选用成年健康 Wistar 大鼠，饲养条件为温度（24±2)℃，湿度 60%～70%，饲养期间大鼠自由摄食和饮水。适应性喂养一周后，每天傍晚将大鼠按照 3∶1 的雌雄比进行合笼，次日清晨对母鼠进行阴道涂片检测，检查其受孕情况。以镜检到精子的日期记录为母鼠妊娠期第一天（GD1）。母鼠受孕后立即单笼饲养，并按照 3∶2∶2 的数量比随机分成对照组、低剂量 PFOS 暴露组和高剂量 PFOS 暴露组。暴露 PFOS 途径为饮水暴露，即对照组孕鼠给予含体积分数为 0.004% Tween-20 的水溶液，低剂量 PFOS 暴露组给予含 5mg/L PFOS 的水溶液，高剂量 PFOS 暴露组给予含 15mg/L PFOS 的水溶液。暴露时间为母鼠 GD1 到仔鼠出生后第 35 天（PND35)。

交叉哺育模型的建立方法如下。如图 3.1 所示，将来自不同暴露组的仔鼠和同一天出生的对照组的仔鼠在 PND1 进行整窝交换，建立以下 7 个暴露组别：出生前后均不暴露 PFOS 的对照组（CC)；出生前和出生后持续暴露于低剂量 PFOS 和高剂量 PFOS 的暴露组（TT5 和 TT15)；出生前不暴露 PFOS 而出生后分别暴露于低剂量 PFOS 和高剂量 PFOS 的暴露组（CT5 和 CT15)；出生前分别暴露于低剂量 PFOS 和高剂量 PFOS 而出生后不暴露 PFOS 的暴露组（TC5 和 TC15)。

3.1.2 海马中 GAP-43、NCAM1、NGF 及 BDNF 蛋白表达水平

仔鼠在 PND7 和 PND35 乙醚麻醉。冰上快速取出脑组织，剥离海马组织，PBS 缓冲液清洗后，一部分海马组织在液氮中冻存用于蛋白质印迹法（Western blot）检测。海马组织匀浆后于 4℃，14000*g* 离心 15min。上清液中总蛋白含量由 BCA 蛋白检测试剂盒测定。GAP-43、NCAM1、NGF 和 BDNF 等蛋白质直接由大鼠酶联免疫吸附（ELISA）试剂盒检测。操作步骤严格按照说明书要求进行。采用酶标仪及 ELISA 分析软件分析测定。在酶标仪 490nm 处读出吸光度值，依照标准含量与吸光度值，建立一元回归方

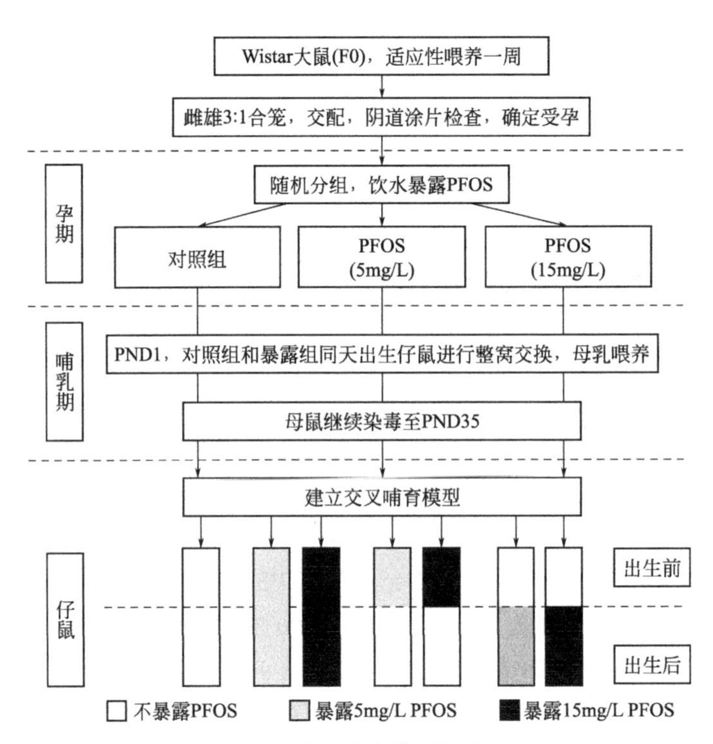

图 3.1　交叉哺育模型的建立

程以及标准曲线，取在标准曲线线性范围内检测值，作方差分析。根据计算得出各蛋白质含量和总蛋白质含量，计算各蛋白质的浓度。

ELISA 蛋白质实验结果显示，GAP-43 在 PND7 各暴露组均未出现显著性变化。在 PND35，出生前后持续暴露高浓度 PFOS（TT15 暴露组）造成 GAP-43 表达水平的显著性升高，而出生前或出生后单独暴露组（TC5、TC15、CT5、CT15）造成 GAP-43 表达水平的显著降低（图 3.2）。结果说明 PFOS 暴露能够造成 GAP-43 的过度表达或者抑制，这可能与 PFOS 的暴露剂量和暴露模式有关。GAP-43 在神经突触生长和再生方面起正向调节的作用。外周神经系统受损时，GAP-43 能够上调 20～100 倍参与神经系统的修复（Zhang et al.，2012）。目前有部分研究验证了 PFOS 暴露和 GAP-43 表达之间的关系。新生小鼠在 PND10 一次性暴露 PFOS 后，GAP-43 蛋白表现为显著上调（Johansson et al.，2009）。新生大鼠在 GD1 到 PND14 暴露 PFOS 后也出现类似的结果。当 GAP-43 表达受到抑制时，会影响神经突触的形成（Aigner et al.，1995）。在本实验中，由各暴露组 GAP-43 的表达情况看出，PFOS 能够刺激或抑制 GAP-43 的表达，提示 GAP-43 的正向调节，或已经出现神经系统的损伤。在 TT15 暴露组，尽管 GAP-43 表达显著上调，但其学习记忆能力仍然下降，表明 GAP-43 未起到正向调节的作用。

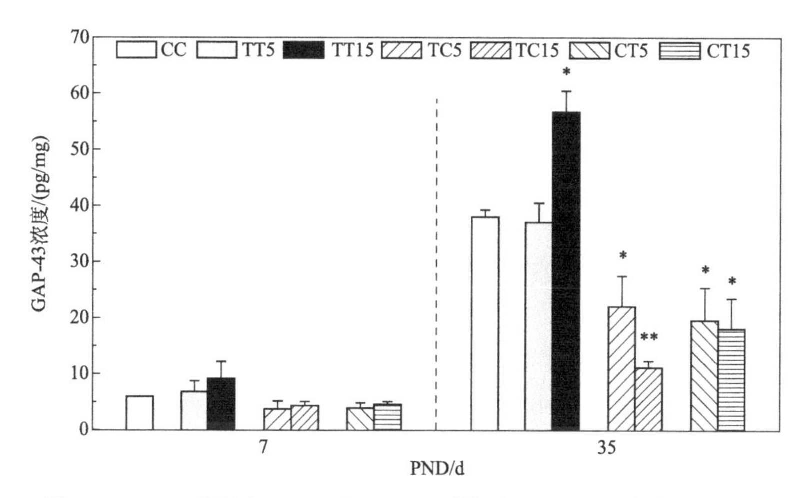

图 3.2 PFOS 暴露在 PND7 和 PND35 对海马 GAP-43 蛋白表达的影响

$N=3$；*、**分别表示与对照组相比有显著性差异（$p<0.05$、$p<0.01$）

NCAM1 在 PND7 表达上调，且在 TT5 暴露组显著性升高，其他组未见显著性差异。在 PND35，NCAM1 表现为下降趋势，且在 TC15 暴露组出现显著性差异（图 3.3）。研究表明 NCAM1 参与突触的生成，低浓度的 NCAM1 能够破坏突触稳定性，降低学习能力。因此，PFOS 抑制 NCAM1 表达，可能损害突触可塑性，导致神经系统发育的损伤，进而导致对空间学习记忆能力的负面影响。

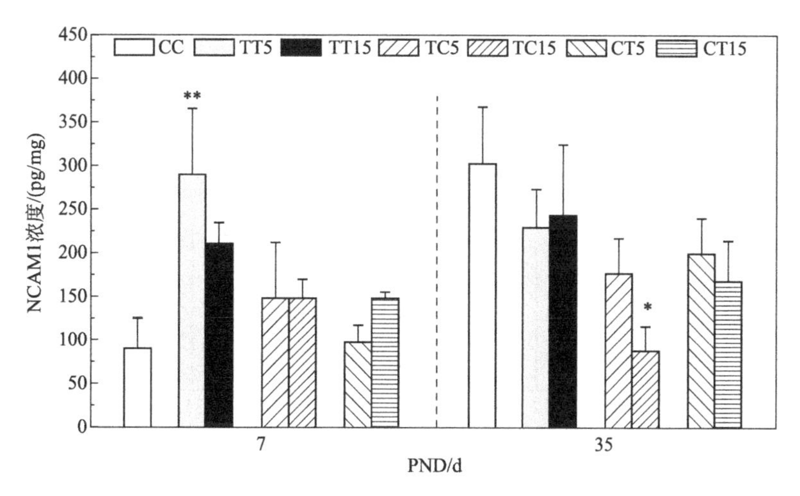

图 3.3 PFOS 暴露在 PND7 和 PND35 对海马 NCAM1 蛋白表达的影响

$N=3$；*、**分别表示与对照组相比有显著性差异（$p<0.05$、$p<0.01$）

NGF 在 PND7 各暴露组均未见显著性变化，在 PND35 呈下降趋势，且在 TC15 暴露组显著性降低（图 3.4）。BDNF 在 PND7 的 TT5 暴露组显著性表达上调，在 PND35 与 NGF 的变化趋势类似，呈现表达下调趋势，且在 TC15 暴露组显著性降低（图 3.5）。作为重要的神经营养因子，NGF 和 BDNF 是神经元存活和维持的关键因子。体内实验表明，神经元损伤的大鼠注射 80ng/d NGF 三周后即表现出明显的感觉运动神经的恢复。体外实验也证实，NGF 能够减少细胞凋亡（Cao et al.，2011；Kemp et al.，2011）。

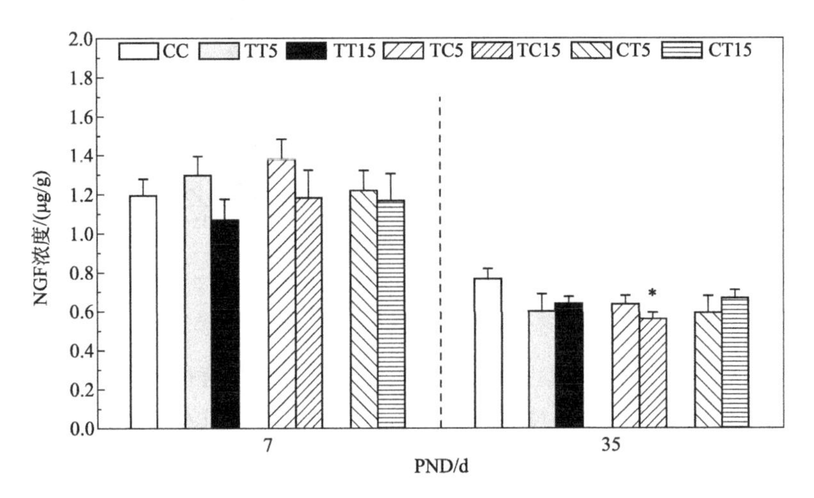

图 3.4 PFOS 暴露在 PND7 和 PND35 对海马 NGF 蛋白表达的影响

$N=3$；*表示与对照组相比有显著性差异（$p<0.05$）

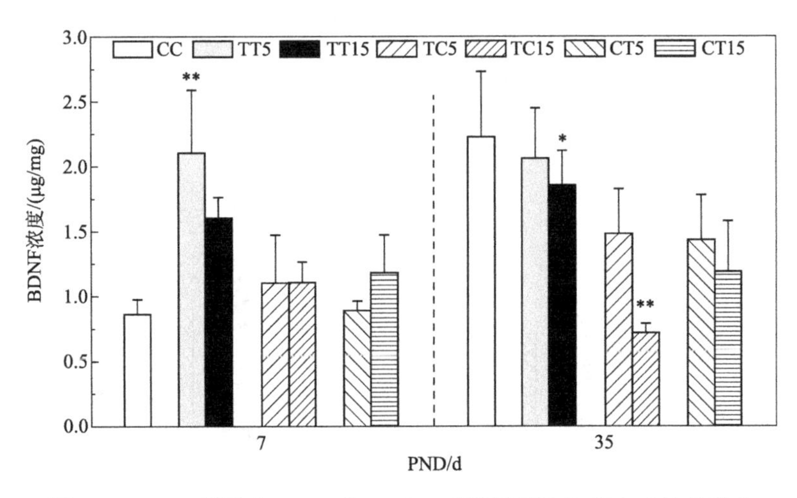

图 3.5 PFOS 暴露在 PND7 和 PND35 对海马 BDNF 蛋白表达的影响

$N=3$；**表示与 CC 组相比有显著性差异（$p<0.01$）

BNDF 通常在受损的成熟大脑中表达上调（Hughes et al.，1999）。新生大鼠在 GD1 到 PND14 暴露 PFOS 后，BDNF 表达显著下降（Wang et al.，2011）。BDNF 敲除鼠表现出明显的 LTP 损伤（Korte et al.，1995；Heldt et al.，2007）。这些研究均证实，降低海马 BDNF 可能与空间学习认知功能障碍直接相关。NGF 和 BDNF 的表达改变可能是 PFOS 造成新生大鼠行为损伤的机制之一。

3.1.3 海马中 *gap-43*、*ncam1*、*ngf* 及 *bdnf* 基因表达水平

荧光定量 PCR 检测海马中基因表达：

（1）总 RNA 提取

仔鼠在 PND7 和 PND35 乙醚麻醉。冰上快速取出脑组织，剥离海马组织，PBS 缓冲液清洗后，海马组织液氮中冻存用于实时反转录聚合酶链式反应（Real-time RT-PCR）检测。按照 RNA 提取试剂盒说明书操作，提取海马组织的 RNA。所有操作在冰上进行，所用塑料耗材和金属器具均经焦碳酸二乙酯（DEPC）溶液浸泡处理以确保没有 RNA 酶污染，实验过程需全程佩戴口罩，并经常更换手套。将组织放在预先加了 500μL 组织裂解液 RA2 的钢网上，用研磨棒将组织研磨挤压过钢网，收集过网悬液，将样本裂解液吸入内套管，12000*g* 离心 1min。弃去外套管中液体，内套管中加入 500μL 洗液，离心 1min。再重复此过程洗一次。取出内套管，弃去外套管中液体，不加洗液，12000*g* 离心 1min。将内套管移入新的 EP 管中，在膜中央加入 25μL 洗脱液，室温静置 1min，离心 1min，获得总 RNA。

稀释并采用紫外分光光度计测定 RNA 浓度。总 RNA 浓度计算公式为 $C_{RNA}=OD_{260}\times$稀释倍数$\times 0.04\mu g/\mu L$。采用 2% 的琼脂糖凝胶电泳检测 RNA 条带的完整性，28S 和 18S 条带清晰明亮，5S 条带微弱。通过计算 OD260/OD280 的比值判断 RNA 的质量，处于 1.8～2.0 之间，说明 RNA 纯度较高，质量较好，可用于后续实验。

（2）cDNA 合成

用 DEPC 统一调节 RNA 浓度至 100ng/μL，经单引物进行反转录得到 cDNA。反转录条件为 42℃孵育 15min，85℃加热 5s。合成的产物于－80℃保存，用于后续荧光定量 PCR 实验。

（3）荧光定量 PCR

通过普通 PCR 反应验证引物的特异性和有效性，用 2%琼脂糖凝胶电泳

检测，每对引物扩增的产物为单一清晰条带。之后用荧光定量 PCR 使用系列梯度稀释样品构建标准曲线进一步检测引物的扩增效率。同时对内参基因和目标基因的熔解曲线进行分析，以确保引物的特异性，保证定量结果的准确性。

根据 NCBI genbank 数据库中的基因序列，用 primer premier 5.0 软件设计 *gap-43*、*ncam1*、*bdnf*、*ngf* 引物序列，并在 NCBI 网站进行 blast 比对检查引物的特异性，由上海生工生物工程股份有限公司合成。引物名称、序列及扩增产物长度见表 3.1。

表 3.1 引物序列表

目标基因	基因序列号	5′→3′引物序列	产物长度/bp
β-actin	NM _ 031144.2	Forward：GGAGATTACTGCCCTGGCTCCTA Reverse：GACTCATCGTACTCCTGCTTGCTG	150
gap-43	NM _ 017195.3	Forward：ACCACCATGCTGTGCTGTATGAG Reverse：GTTGCAGCCTTATGAGCCTTATCC	113
ncam1	NM _ 031521.1	Forward：CATCTGCACTGCCAGCAACA Reverse：CTTGGGTAGGCAAAGACCTCACA	150
bdnf	NM _ 030989.3	Forward：GAACCCGGTCTCATCAAAG Reverse：GCTCATATCCGACTGTGAATCCTC	71
ngf	M36589	Forward：TCCACCCACCCAGTCTTCCA Reverse：GCCTTCCTGCTGAGCACACA	344

在 PND7，*gap-43* 表达水平在不同的暴露组（除 CT5）均呈现上调趋势，且在 TT5 和 CT15 暴露组出现显著性差异（图 3.6）。*gap-43* 在 TC5 组显著性高于 CT5 组，提示出生前暴露仍然造成出生后 *gap-43* 表达水平的改变，且 *gap-43* 对胚胎期 PFOS 暴露更为敏感。PND35 各暴露组 *gap-43* 表达水平未见显著性变化，TC 组和 CT 组也未见显著性差异。可能原因为出生后发育早期 *gap-43* 对 PFOS 暴露更为敏感。

在 PND7，*ncam1* 表达水平在持续暴露组未见显著性变化（图 3.7）。在出生前或出生后暴露组，*ncam1* 表达水平出现不同程度的升高趋势，CT 暴露组未见显著性差异，TC 暴露组呈现倒 U 型曲线，在 TC5 暴露组出现显著性差异，且 TC5 组显著性高于 CT5 组。与 PND7 变化趋势类似，在 PND35，*ncam1* 表达水平也表现为上调趋势，且在 TC5 暴露组显著性上调，其他组未见显著性变化。与 *gap-43* 表达水平变化的时间规律相似，*ncam1* 在 PND7 的差异表达比 PND35 更为明显，可能出生后发育早期 *ncam1* 对 PFOS 暴露更为敏感。

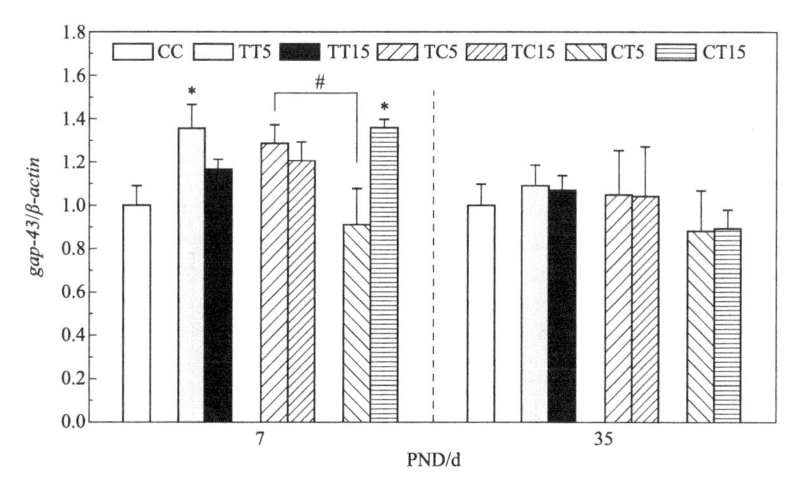

图 3.6 PFOS 暴露在 PND7 和 PND35 对海马 *gap-43* 基因表达的影响

N=3；* 表示与对照组相比有显著性差异（p<0.05）；# 表示同一暴露剂量下 TC 组和 CT 组相比有显著差异（p<0.05）

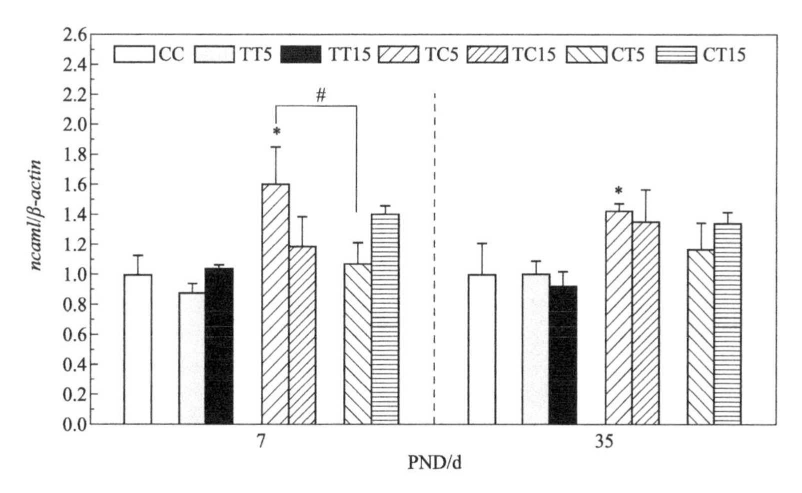

图 3.7 PFOS 暴露在 PND7 和 PND35 对海马 *ncam1* 基因表达的影响

N=3；* 表示与对照组相比有显著性差异（p<0.05）；# 表示同一暴露剂量下 TC 组和 CT 组相比有显著差异（p<0.05）

基因 *ngf* 在 PND7 的持续暴露组呈现下降趋势，而在出生前或出生后单独暴露组呈上升趋势，但未见显著性差异（图 3.8）。在 PND35，*ngf* 的变化趋势和 PND7 类似，在持续暴露组未见显著性变化，而在出生前或出生后单独暴露组呈上升趋势，且在 TC5 和 TC15 暴露组出现显著性上调。

基因 *bdnf* 在 PND7 呈上调趋势，并在 CT5 暴露组出现显著性差异（图 3.9）。且与 TC5 暴露组相比，CT5 暴露组也表现为显著性升高。在 PND35， *bdnf* 也呈现上调趋势，在 TC15 暴露组出现显著性差异。且与 CT15 暴露组相比，TC15 暴露组也表现为显著性升高。

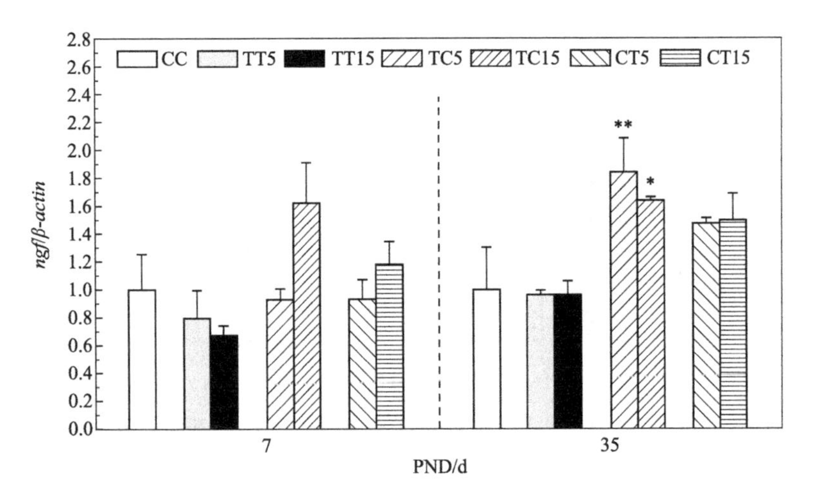

图 3.8　PFOS 暴露在 PND7 和 PND35 对海马 *ngf* 基因表达的影响

$N=3$；*、**分别表示与对照组相比有显著性差异（$p<0.05$、$p<0.01$）

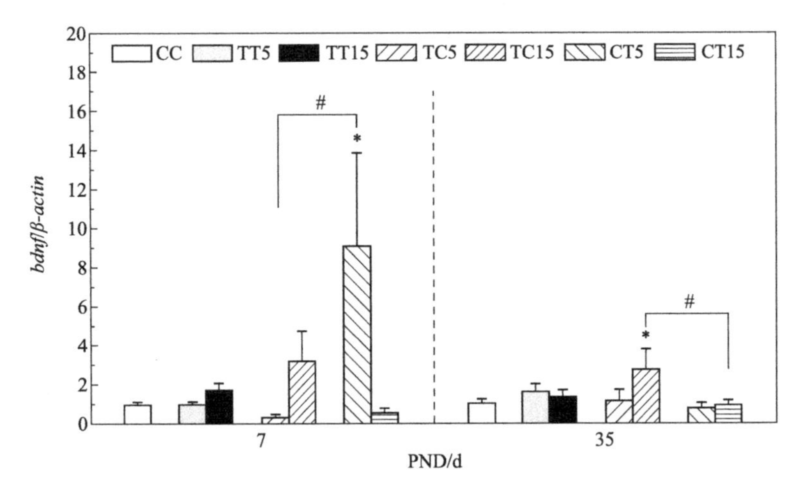

图 3.9　PFOS 暴露在 PND7 和 PND35 对海马 *bdnf* 基因表达的影响

$N=3$；*表示与对照组相比有显著性差异（$p<0.05$）；#表示同一暴露剂量下 TC 组和 CT 组相比有显著差异（$p<0.05$）

神经发育关键蛋白质在仔鼠不同的生长发育阶段，其表达水平变化具有一定的差异性。GAP-43、NCAM1、NGF 和 BDNF 表达水平均受到不同程度的抑制，进一步证实了 PFOS 暴露可引起神经发育的损伤。这四种关键蛋白质均在 PND35 的 TC15 暴露组显著性降低，提示出生前暴露 PFOS 的高风险性（图 3.10）。PFOS 造成的神经发育的损伤特征与前期研究证实的

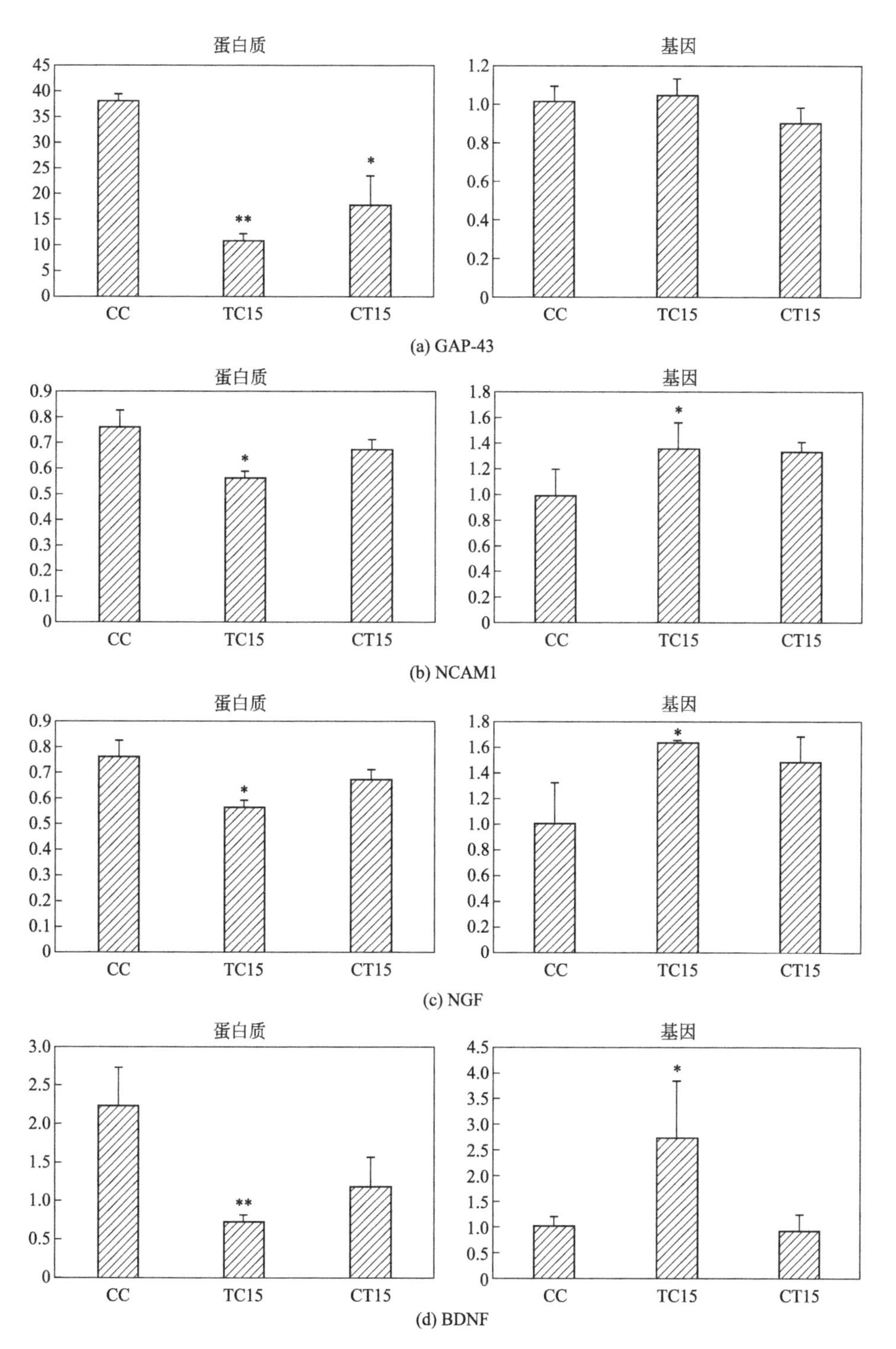

图 3.10　PND35 海马神经发育关键蛋白质和基因表达的比较

$N=3$；*、**分别表示与对照组相比有显著性差异（$p<0.05$、$p<0.01$）

PFOS 暴露造成仔鼠的空间学习记忆能力的下降呈现一定的相关性。神经发育相关蛋白质的表达抑制将导致神经元的分化和成熟的过程受损，这种损害最终会表现为空间学习记忆能力下降。然而，这些蛋白质的变化水平在 PND7 不同于 PND35，这反映了大脑发育过程中的时间依赖性。PND7 是大脑的快速发育期，这一时期生理生化活动频繁，细胞活性相对较高，这可能是 PND7 蛋白质水平变化不显著的原因之一。

在出生前或出生后单独暴露组，PFOS 浓度与基因表达呈现非单调的剂量效应关系。mRNA 和蛋白质的对比分析结果显示：在 PND35，GAP-43、NCAM1、NGF 和 BDNF 蛋白质表达均受到抑制，且出生前暴露组各蛋白质的下降水平均出现显著性差异；而对应基因的表达几乎都呈现上调趋势，且 *ncam1*、*ngf* 和 *bdnf* 基因在出生前暴露组出现显著性差异（图 3.10）。与出生前 PFOS 暴露组相比，出生后暴露组蛋白质和基因指标变化不显著，提示不同发育时期 PFOS 暴露造成的发育神经毒性效应不同。

基因和蛋白质指标变化趋势的不一致性提示发育期 PFOS 暴露同时影响了转录后和翻译进程。且神经发育关键基因在转录水平的持续上调未能造成相应蛋白质表达的上调，最终导致发育神经系统的损伤，这表明转录和翻译不仅仅是单纯的线性关系。RNA 的二级结构和核糖体密度也会影响翻译的效率，调节蛋白和 sRNAs 也是翻译过程的调节者。除此之外，蛋白质稳定性和 mRNA 的分布也和表达水平有关。已有其他研究表明 mRNA 和其对应蛋白质之间的相关性较弱。目标基因在 PND7 上调而相应的蛋白质未见显著性差异。在 PND35，目标基因持续上调而蛋白质表达受到抑制，并在 TC15 暴露组均出现显著性差异，两者在不同暴露时段的差异体现了基因指标的敏感性，提示 PFOS 同时影响了神经发育过程中转录后和翻译的进程。

大鼠出生前后 PFOS 暴露对神经发育相关基因和蛋白质表达水平的影响，得到如下结论：

① GAP-43、NCAM1、NGF 和 BDNF 在 PND35 的表达水平均受到抑制，且在出生前暴露组出现显著性差异，与仔鼠的学习记忆能力下降的结果一致；

② 基因 *gap-43*、*ncam1*、*ngf*、*bdnf* 表达上调表明 PFOS 同时影响了转录后和翻译的进程。

3.2 全氟辛烷磺酸暴露对大鼠海马神经元细胞凋亡的影响

细胞凋亡是指由基因控制的细胞自主的有序的死亡。体内和体外研究均表明，PFOS能够诱导细胞凋亡升高。研究显示PFOS诱导的肝脏毒性、肺脏毒性和免疫毒性都与细胞凋亡有关。鱼类胚胎研究表明，PFOS造成的斑马鱼胚胎发育畸形伴随着细胞凋亡和凋亡相关基因的显著上调。对成年小鼠的研究结果显示，PFOS暴露导致的成年小鼠学习记忆能力下降的同时伴随着海马细胞的凋亡和凋亡相关蛋白质的变化。前两章研究结果表明，PFOS造成了海马组织出现细胞减少、组织空化等病理性损伤，并造成仔鼠学习记忆能力的下降。由此推测细胞凋亡可能是造成海马组织的病理学改变的原因之一。细胞凋亡是神经退行性疾病中细胞死亡的主要方式。但是，PFOS造成发育期仔鼠海马中细胞的凋亡情况和机制仍然未知。

细胞凋亡涉及一系列基因的激活、表达以及调控等的作用。研究发现，Ca^{2+}浓度的高低调节着多种类型的细胞凋亡（Komori et al.，2010）。Ca^{2+}内流和聚积被认为是细胞凋亡的共同途径（Schanne et al.，1979）。如毒胡萝卜素可引起细胞中Ca^{2+}浓度升高，触发细胞凋亡（Rodriguez-Lopez et al.，1999）。体内和体外研究均表明PFOS暴露能够刺激外界钙离子的涌入和细胞内钙库的释放（Liao et al.，2008；Liu et al.，2011；Harada et al.，2006；Kawamoto et al.，2008）。ALG-2是与凋亡直接相关联的Ca^{2+}结合蛋白，ALG-2为包括191个氨基酸的单一多肽链，并拥有两个区域的Ca^{2+}结合位点，可以调节caspase家族蛋白酶的活性。ALG-2的凋亡功能可能是通过与Ca^{2+}结合而起到调节作用的。研究证明，ALG-2的Ca^{2+}依赖性与凋亡细胞胞浆内Ca^{2+}升高呈一致性（郑倩等，2001）。DAPK2是一种Ca^{2+}/CaM依赖性蛋白激酶。Ca^{2+}内流能够加速活性氧自由基的生成，而后活性氧自由基激活蛋白激酶D，进而激活DAPK2，活化的DAPK2再通过信号转导最终限制钙离子内流。研究表明，DAPK2过度表达会引起凋亡的形态学改变（Kawai et al.，1999）。Bcl-2家族在凋亡发生中的作用与调节细胞内钙稳态有关。Bcl-2通过抑制内质网、线粒体的钙库的Ca^{2+}排出，调节线粒体的Ca^{2+}浓度，避免Ca^{2+}的聚积（Shimizu et al.，1998）。Bcl-2能够降低Ca^{2+}依赖性核酸内切酶的活性，阻断凋亡发生。肿瘤抑制基因*p53*主要通过与 Bcl-2 家族蛋白相互作用发挥促凋亡与抗凋亡的功能，在细胞凋亡调控机制中起着重要作用。

作为评价神经毒性的敏感指标，神经细胞的凋亡与很多神经系统疾病相关，尤其是在神经系统的发育期（Lee et al.，2012）。本研究通过观察和比较出生前后 PFOS 暴露，对 Ca^{2+} 依赖性且与细胞凋亡密切相关的 *alg-2*、*dapk2*、*bcl-2* 和 *p53* 基因以及对应蛋白质表达的影响，评价 PFOS 造成的细胞凋亡情况。阐明 PFOS 暴露剂量、血清和海马组织中 PFOS 浓度与细胞凋亡之间的关系，探讨神经发育关键期 PFOS 暴露造成行为学损伤的分子机制。

3.2.1 全氟辛烷磺酸暴露对海马细胞凋亡的影响

将新鲜海马组织放入平皿后，加入少量 PBS 清洗；用眼科剪将组织剪至匀浆状，加入 3mL 胰酶，37℃消化 30min；用移液枪轻轻吹打，将组织块吹散；吸取组织匀浆，用 200 目尼龙网过滤；1000r/min 离心沉淀 5min，再用 PBS 清洗 3 次，每次以 500r/min 短时低速离心除去细胞碎片，用 200 目尼龙网过滤去细胞团块。作细胞计数并调整细胞浓度为 1×10^6 个/mL。常温下放置，台盼蓝检测细胞活力。

凋亡检测按照凋亡试剂盒操作说明进行。所有操作在 4℃避光条件下进行。将细胞 1000r/min 离心 5min，用结合缓冲液（1×）重悬，取 100μL 细胞悬浮液，加入 5μL Annexin V-FITC，稍后加入 1μL 碘化丙啶。室温下避光孵育 15min，再加入 100μL 结合缓冲液，上机检测。至少检测 10^4 个细胞。用配套的流式细胞仪软件进行数据分析。

PFOS 暴露能够引起海马细胞凋亡升高。在 PND1，出生前和出生后持续性低浓度 PFOS 暴露组（TT5）海马细胞凋亡显著性增高，但是 TT15 暴露组未出现显著性差异（图 3.11）。与 PND1 PFOS 在海马组织中的蓄积程度相比，两者并未出现显著的一致性，提示高浓度的 PFOS 蓄积可能直接导致细胞死亡。

在 PND7，持续暴露组凋亡升高，且在 TT15 暴露组出现显著性差异，与对照组相比高约 90%（图 3.12）。在出生前暴露组也呈现凋亡升高的趋势，但未出现显著性差异。在出生后暴露组细胞凋亡呈现先上升后下降的趋势，也未出现显著性差异。出生前暴露组（TC）和出生后暴露组（CT）相比未见显著性差异。凋亡的变化趋势与 PND7 PFOS 在海马中的蓄积浓度呈现显著相关性，提示 PFOS 蓄积导致了细胞凋亡的升高。

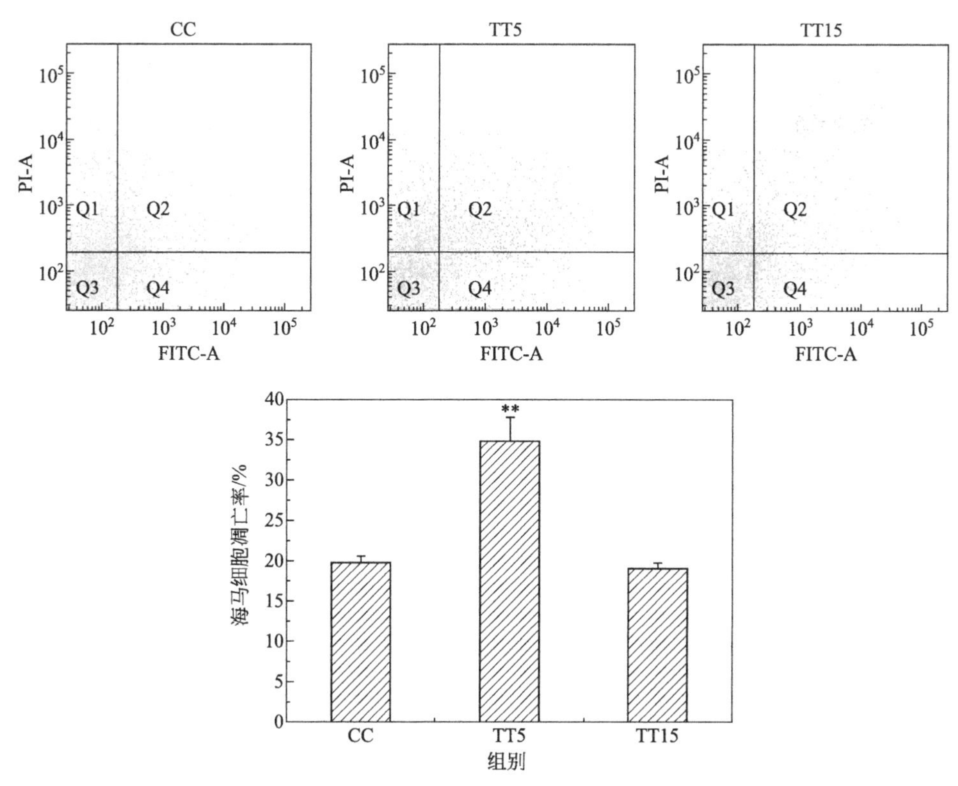

图 3.11 PFOS 暴露对 PND1 海马细胞凋亡率的影响

$N=3$；＊＊表示与对照组相比有显著性差异（$p<0.01$）

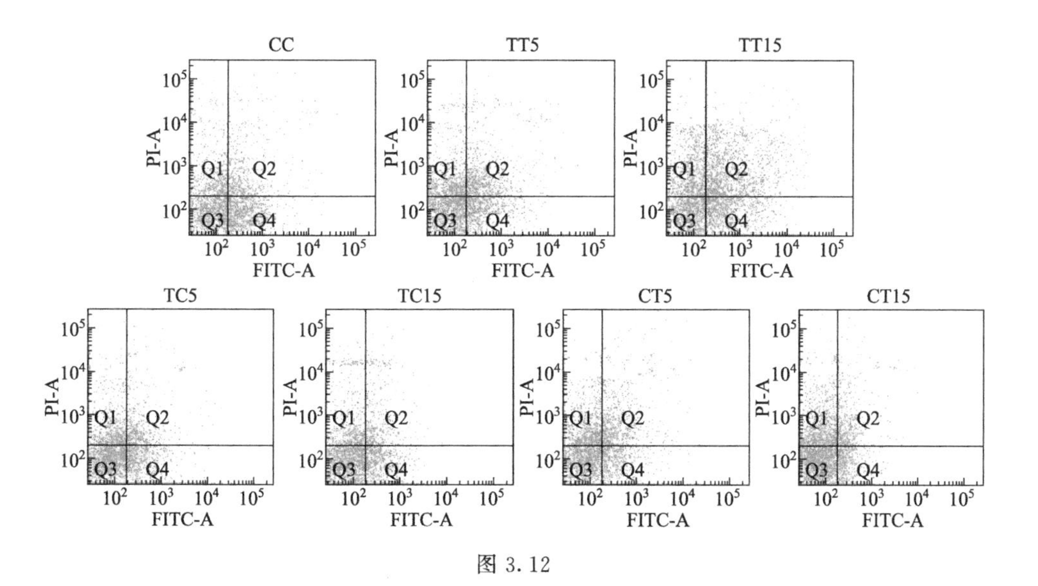

图 3.12

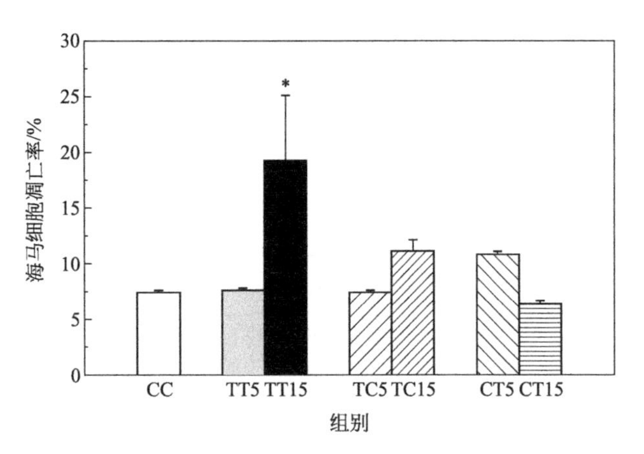

图 3.12 PFOS 暴露对 PND7 海马细胞凋亡率的影响

$N=3$；* 表示与对照组相比有显著性差异（$p<0.05$）

在 PND35，持续暴露组细胞凋亡高于对照组，且在 TT5 暴露组出现显著性差异（图 3.13）。出生前暴露组（TC）和出生后暴露组（CT）与对照组相比均未见显著性变化，出生前暴露组（TC）和出生后暴露组（CT）两者之间相比也未见显著性差异。持续暴露组 PFOS 蓄积浓度与凋亡趋势不一致，两者相关程度与 PND1 类似，这可能与高浓度的 PFOS 蓄积导致细胞死亡有关。出生前或出生后单独暴露 PFOS 后，凋亡升高趋势与 PFOS 蓄积浓度变化一致，并呈现显著的相关性，但两种暴露组均未出现显著性差异，提示低浓度的 PFOS 蓄积未能导致细胞的凋亡率升高。

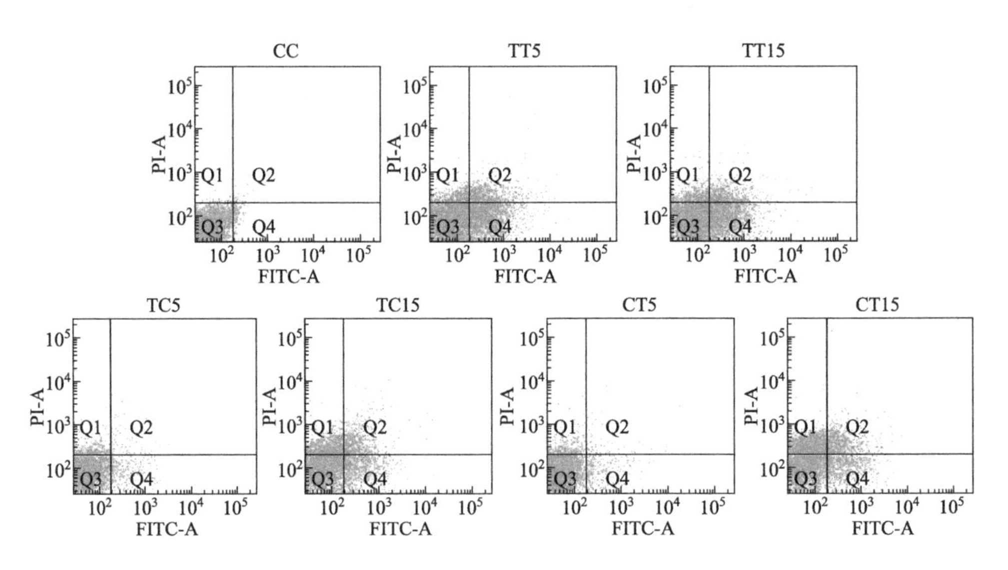

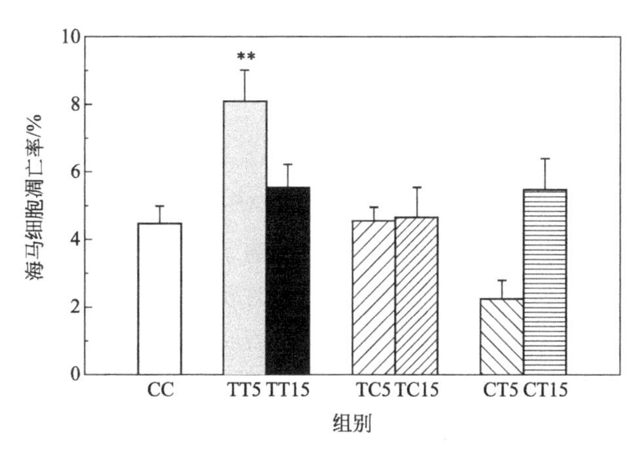

图 3.13　PFOS 暴露对 PND35 海马细胞凋亡率的影响
$N=3$；* 表示与对照组相比有显著性差异（$p<0.05$）

体内和体外研究表明 PFOS 能够引起细胞的凋亡。有研究发现，PFOS 能够造成斑马鱼胚胎和小鼠免疫器官的细胞凋亡（Dong et al.，2012）。在 HepG2 细胞和小脑颗粒细胞中 PFOS 也诱导了凋亡的产生（Lee et al.，2012）。Chen 等（2012）研究指出，出生前暴露 PFOS 造成大鼠新生仔鼠肺部细胞的凋亡。成年小鼠暴露 PFOS 后也引起海马细胞的凋亡。与细胞暴露模型和成年哺乳动物暴露模型不同的是，仔鼠大脑有一个不断发育、完善和增长的 BGS 期（Johansson et al.，2009）。BGS 发生凋亡可能会对幼儿甚至成年期的行为产生重大影响。同样发现出生前或出生后暴露 PFOS 后能够造成仔鼠成年后的行为学的改变，说明 PFOS 的长期毒害效应。Johansson 等（2008）报道指出，新生仔鼠在 PND10 暴露浓度为 1.4mmol/kg 和 21mmol/kg PFOS 能够造成成年后的行为障碍，表现为自发行为和习惯性行为的改变。GD12～18 天时暴露 PFOS，会造成小鼠成年后学习能力的下降。发生在神经系统发育期的凋亡可能会造成神经系统的病变，如阿尔茨海默病和帕金森症。因此 PFOS 能够造成发育期神经系统的细胞凋亡，这可能是 PFOS 造成学习记忆能力下降的机制之一。

3.2.2　全氟辛烷磺酸暴露对海马组织中 $[Ca^{2+}]_i$ 的影响

$[Ca^{2+}]_i$ 由 fluo-3（Biotium，U.S.A）试剂盒测定。取 1mL 细胞悬液，1000r/min 离心 5min 后用不含钙离子的 HANK's 液重悬，加入 fluo-3（终浓度为 0.1mol/L）37℃ 避光孵育 30min。流式细胞仪检测并分析结果。实验数据用平均值±标准误（mean ±SE）表示。采用 SPSS 16.0 统计分析软件对实验结果进行单因素方差分析（one-factor analysis of variance）。利用LSD检验，当 $p<0.05$ 时，具有显著性差异，当 $p<0.01$ 时，具有极显著性差异。相关性分析采用皮尔逊检验，当 $p<0.05$ 时，为显著相关，当 $p<0.01$ 时，为极显著性相关。

凋亡和 $[Ca^{2+}]_i$ 由流式细胞仪（BDFAS Calibur，Becton Dickinson 公司，美国）测定。电泳仪（DYY-6C 型）购于北京市六一仪器厂。转膜仪（EQU307）购于 BBI 公司（加拿大）。实时反转录聚合酶链式反应（real-time reverse transcription polymerase chain reaction，Real-timeRT-PCR）由荧光定量仪（Stepone，ABI 公司，美国）完成。显影粉、定影粉及胶片购于上海生工生物工程有限公司。PVDF 膜（BSP0161）购于广州誉维生物科技仪器有限公司。

出生前和出生后 PFOS 暴露造成海马细胞内 $[Ca^{2+}]_i$ 升高。在 PND1，TT5 暴露组 $[Ca^{2+}]_i$ 呈现升高趋势，而 TT15 暴露组呈现降低的趋势，两暴露组与对照组相比均出现显著性差异（图 3.14）。PND1 $[Ca^{2+}]_i$ 变化趋势与细胞凋亡类似，且两者呈性显著相关（$R=0.644$，$p<0.05$）（表 3.2）。

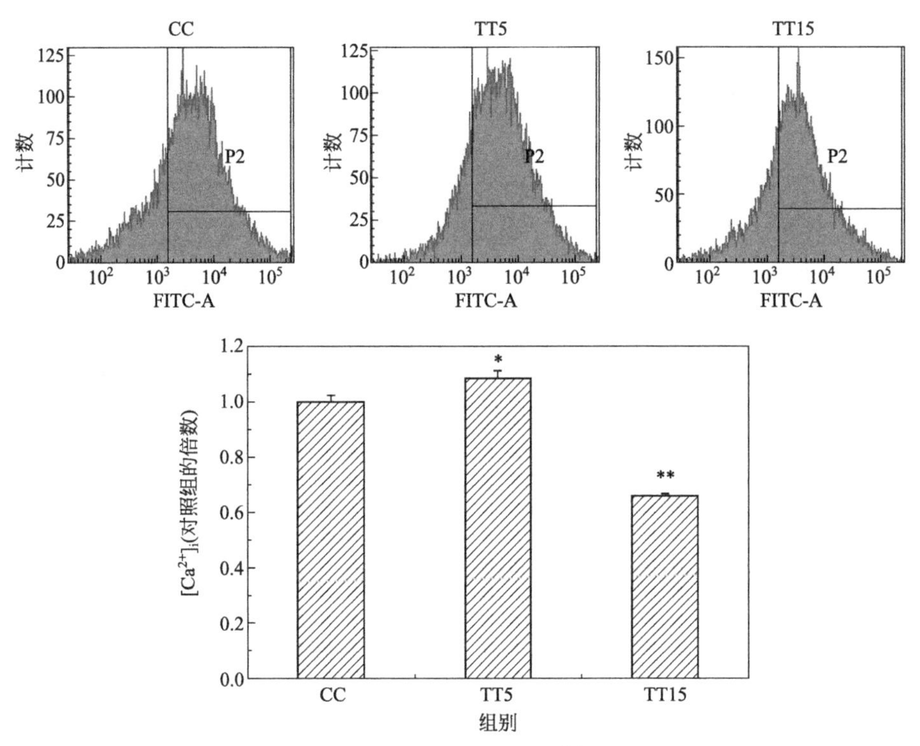

图 3.14　PFOS 暴露对 PND1 海马中 $[Ca^{2+}]_i$ 表达水平的影响

$N=3$；*、**分别表示与对照组相比有显著性差异（$p<0.05$、$p<0.01$）

表 3.2 海马中 PFOS 浓度、$[Ca^{2+}]_i$ 和细胞凋亡之间的相关性

		海马中 PFOS 浓度		$[Ca^{2+}]_i$		细胞凋亡	
		R	*p*	*R*	*p*	*R*	*p*
海马中 PFOS 浓度	PND1	1.000					
	PND7	1.000					
	PND35	1.000					
$[Ca^{2+}]_i$	PND1	**−0.861**	**0.003**	1.000			
	PND7	−0.011	0.964	1.000			
	PND35	**0.726**	**0.000**	1.000			
细胞凋亡	PND1	−0.174	0.654	**0.644**	**0.041**	1.000	
	PND7	**0.629**	**0.004**	**0.458**	**0.040**	1.000	
	PND35	**0.468**	**0.042**	0.227	0.337	1.000	

注：粗体表示用皮尔逊相关性分析（双尾检验）出现显著性差异。*R* 为相关系数。*p* 为相关性的 *p* 值。

在 PND7，$[Ca^{2+}]_i$ 在各组都表现为升高趋势（图 3.15）。在持续暴露组和出生前暴露组，随暴露浓度的升高，$[Ca^{2+}]_i$ 也呈现上升趋势，且在 TT15 和 CT15 暴露组出现显著性差异。出生后暴露组未见显著性改变。出生前高浓度暴露组（TC15）和出生后高浓度暴露组（CT15）相比表现为显著性升高。在 PND7，$[Ca^{2+}]_i$ 变化趋势与细胞凋亡仍然呈现相似的变化趋势，两者显著性相关（$R=0.458$，$p<0.05$）（表 3.2）。

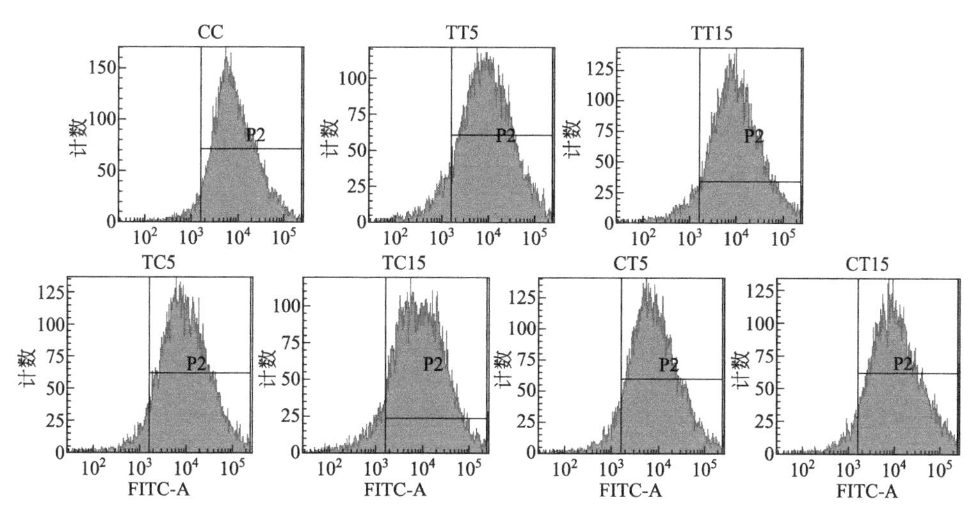

图 3.15

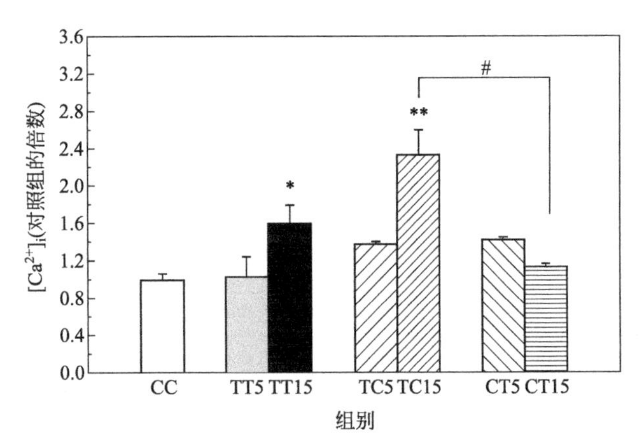

图 3.15 PFOS 暴露对 PND7 海马中 $[Ca^{2+}]_i$ 表达水平的影响

$N=3$；*、**分别表示与对照组相比有显著性差异（$p<0.05$、$p<0.01$）。

#表示同一暴露剂量下 TC 组和 CT 组相比有显著差异（$p<0.05$）

细胞凋亡和 $[Ca^{2+}]_i$ 的变化趋势类似，呈现一定的相关性，并在 PND1 和 PND7 呈现显著性相关。这表明 PFOS 诱导的细胞凋亡确实与钙紊乱有关。此外，相关研究表明，多种介导细胞凋亡的信号通路均与钙代谢密切相关。PFOS 能够通过 ROS 介导的蛋白激酶 C（PKC）通路或通过线粒体依赖通路诱导细胞凋亡，PKC 能够被 Ca^{2+} 激活，进而参与一系列神经传导通路调节进程。而线粒体是重要的细胞内钙库。这些证据进一步说明，PFOS 诱导的细胞凋亡与增加的 $[Ca^{2+}]_i$ 有关。同时，$[Ca^{2+}]_i$ 和细胞凋亡在 PND35 未呈现显著性相关，但两者均分别与海马中 PFOS 浓度呈现显著性相关，这可能与 BGS 有关。中枢神经系统的发育过程中，除了钙稳态，多种反馈和补偿机制也参与调节细胞凋亡（图 3.16）。

海马组织中 PFOS 的蓄积能够导致钙超载，异常增多的 $[Ca^{2+}]_i$ 可导致细胞信号转导系统异常，可能对钙信号转导通路造成干扰，从而诱导细胞凋亡程序启动，阻断 LTP 的诱导，造成神经发育损伤，最终导致行为缺陷。细胞凋亡是 PFOS 造成学习记忆能力下降的机制之一。

3.2.3 PFOS 暴露对海马中凋亡相关基因的影响

基因 *alg-2*、*dapk2*、*p53* 和 *bcl-2* 引物用软件 primer premier 5.0 设计而成，并由上海生工生物工程有限公司合成，引物序列见表 3.3，RNA 的提取和 Real-time RT-PCR 程序参照 3.1.3 小节。

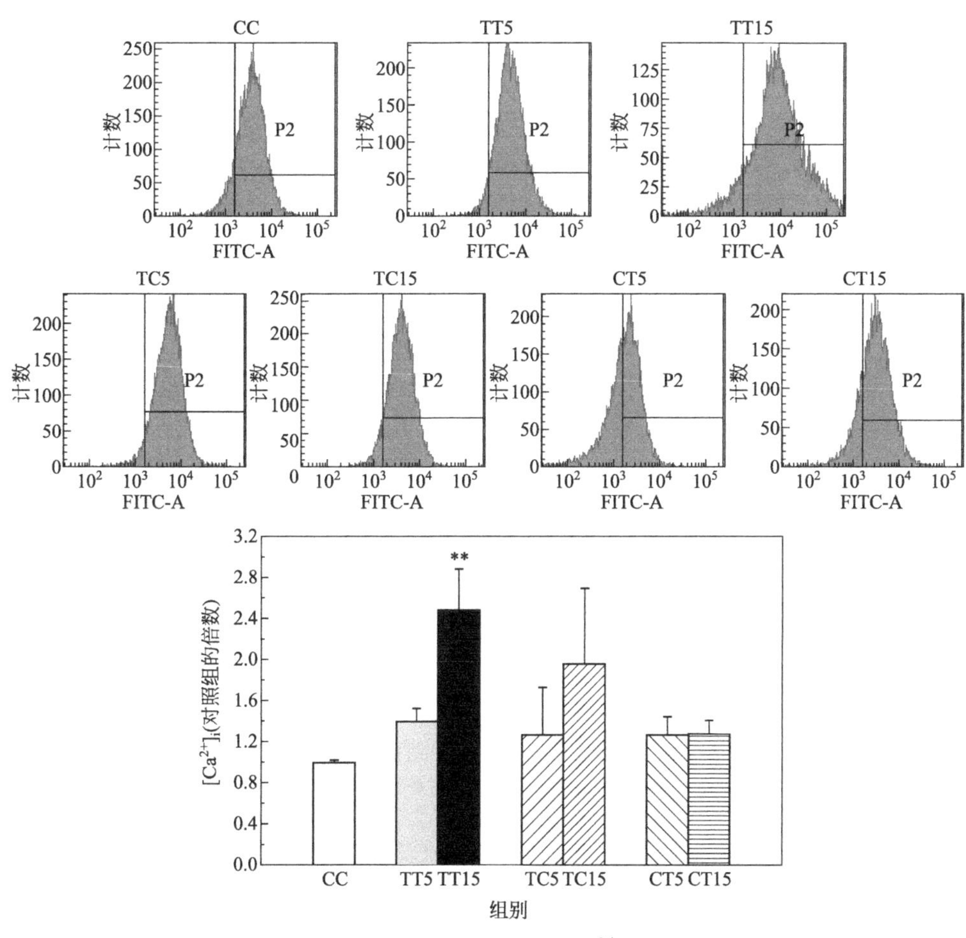

图 3.16　PFOS暴露对PND35海马中 $[Ca^{2+}]_i$ 表达水平的影响

$N=3$；* * 表示与对照组相比有显著性差异（$p<0.01$）

表 3.3　引物序列表

目的基因	基因序列号	5′→3′引物序列	产物长度/bp
β-actin	NM _ 031144.2	Forward：GGAGATTACTGCCCTGGCTCCTA Reverse：GACTCATCGTACTCCTGCTTGCTG	150
alg-2	AF192757.1	Forward：CACGGAAGACGGAAAGAGATG Reverse：TGGCGGAGGGATAGAAGGA	86
dapk2	NM _ 001013109.1	Forward：GTGCACTTGAGGACAAGTGAGGA Reverse：CAGGTGCCGGATCAGTTAGGA	123
p53	NM _ 030989.3	Forward：TCCAGTTCATTGGGACTTATCCTTG Reverse：GCTCATATCCGACTGTGAATCCTC	150
bcl-2	NM _ 016993	Forward：ACAGAGGGGCTACGAGTGGGA Reverse：CTCAGGCTGGAAGGAGAAGATG	91

经 PFOS 暴露后，大鼠海马神经元不同的凋亡基因在仔鼠的不同生长发育阶段，其表达水平变化都具有差异性。基因 *alg-2* 在 PND 1、PND 7、PND 35 均呈上调趋势，在 PND1 和 PND7，*alg-2* 在各暴露组均未见显著性差异（图 3.17）。在 PND35，持续暴露组和胚胎期暴露组均呈现剂量-效应关系，且在 TT15、TC5、TC15 暴露组显著性上调。出生后暴露组未见显著性改变。

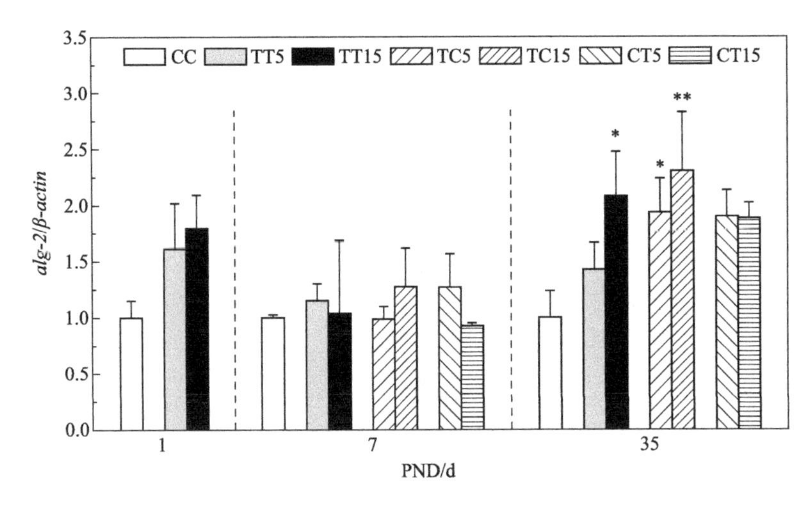

图 3.17 PFOS 暴露在 PND 1、PND 7、PND 35 对 *alg-2* 基因表达的影响

$N=3$；*、**分别表示与对照组相比有显著性差异（$p<0.05$、$p<0.01$）

基因 *dapk2* 变化趋势与 *alg-2* 类似，在 PND 1、PND 7、PND 35 均呈上调趋势（图 3.18）。在 PND1 和 PND7，*dapk2* 在各暴露组均未见显著性

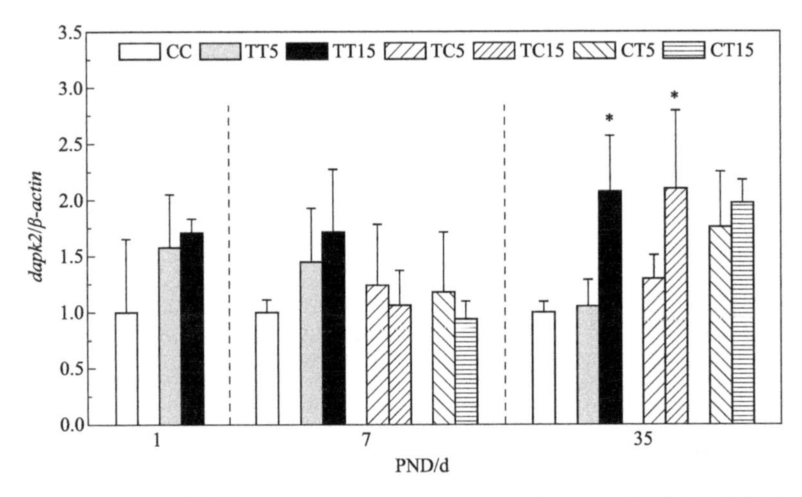

图 3.18 PFOS 暴露在 PND 1、PND 7、PND 35 对 *dapk2* 基因表达的影响

$N=3$；*表示与对照组相比有显著性差异（$p<0.05$）

差异。在 PND35，持续暴露组和胚胎期暴露组均呈现剂量-效应关系，且在 TT15 和 TC15 暴露组显著性上调。出生后暴露组未见显著性改变。

基因 *bcl-2* 在 PND 1、PND 7、PND 35 也呈上调趋势（图 3.19）。在 PND1 出现轻微下调趋势但未见显著性差异。在 PND7 的各暴露组随暴露剂量升高均呈现降低的趋势，且在 CT5、TC5 和 TC15 暴露组出现显著性差异。在 PND35，CT5、TC5 和 TT15 暴露组均出现显著性上调。

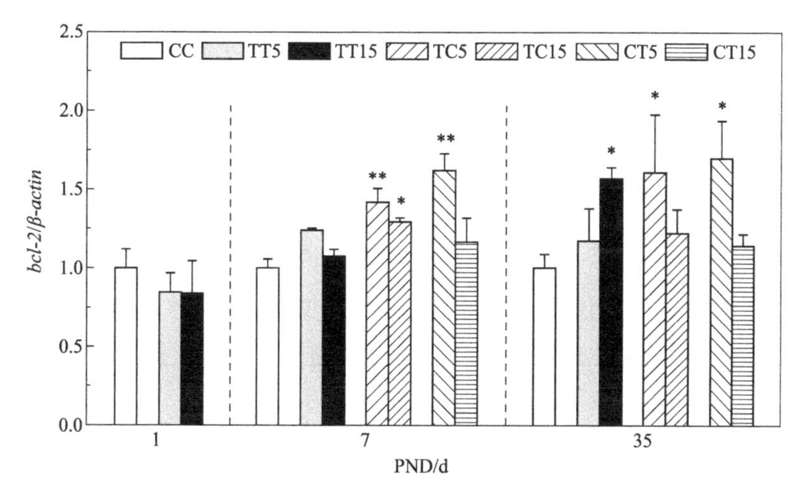

图 3.19 PFOS 暴露在 PND 1、PND 7、PND 35 对 *bcl-2* 基因表达的影响

$N=3$；*、**分别表示与对照组相比有显著性差异（$p<0.05$、$p<0.01$）

基因 *p53* 表达趋势与其他基因不同，在 PND 1、PND 7、PND 35 均未见显著性差异（图 3.20），且出生前或出生后单独暴露组也未见显著性差异。多个凋亡相关基因表达的变化，与 PFOS 引起发育期大鼠海马细胞凋亡升高的结果一致，并证实 PFOS 造成的凋亡与钙失衡有关。在本实验中，PFOS 暴露导致 *alg-2* 和 *dapk2* 的表达上调，且 *alg-2*、*dapk2* 和 $[Ca^{2+}]_i$ 的变化呈现类似的趋势，再次证实 PFOS 造成的细胞凋亡可能与钙失衡有关。且 PFOS 造成的细胞凋亡与 $[Ca^{2+}]_i$ 失衡呈现一定相关性，PFOS 诱导 $[Ca^{2+}]_i$ 增加，破坏细胞内钙稳态，进而造成 Ca^{2+} 相关的凋亡基因的过度上调，诱发细胞凋亡。

Bcl-2 是检测凋亡的关键因子。*Bcl-2* 家族包括促凋亡和抗凋亡成员。*Bcl-2* 是细胞凋亡的负调节因子，抗凋亡成员之一，能够保护细胞抵抗凋亡。基因 *bcl-2* 通常在胚胎期高度表达，而在胚胎和出生后随着分化和发育的成熟表达下降。在本实验中，*bcl-2* 基因在 PND7 和 PND35 表达显著上调，表明在转录水平上 *bcl-2* 基因对 PFOS 诱导的细胞凋亡的响应。Chen 等

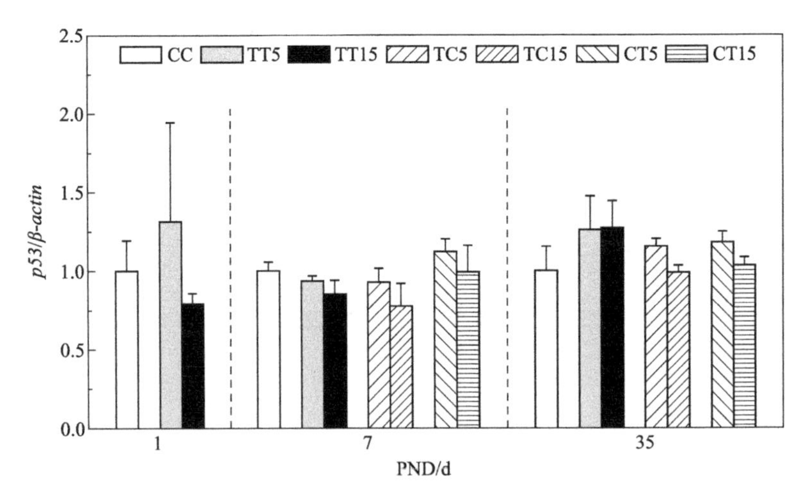

图 3.20　PFOS 暴露在 PND 1、PND 7、PND 35 对 *p53* 基因表达的影响（*N*=3）

(2012) 发现产前 PFOS 暴露能够诱导子代大鼠肺部 *bcl-2* 基因在 PND21 表达上调。基因 *bcl-2* 在 PND35 的 TT15 暴露组显著上调，提示抗凋亡通路受干扰。

不同发育阶段基因表达的变化反映发育期 PFOS 暴露的毒性作用模式的复杂性。在本研究中，PND1 靶基因水平均无显著变化，而在 PND7 和 PND35 均表达上调。PFOS 暴露造成的分子损伤或细胞功能障碍的反馈和代偿性反应可能是导致这一结果的重要原因。类似的结果出现在 PFOS 的甲状腺毒性研究中，基因在 PND21 改变而 PND0 未见显著性变化，说明发育期暴露 PFOS 造成的分子调节机制更为复杂。基因 *alg-2*、*dapk2* 和 *bcl-2* 在出生前暴露组的 PND35 的表达上调提示妊娠期的 PFOS 暴露对子代大鼠能够产生长期的持久性的不良影响。此外，尽管与 CT15 组相比，TC15 组 PFOS 浓度大大降低，但是其产生的在转录水平的影响与 CT15 暴露组相当。这些结果表明，出生前暴露 PFOS 能够显著改变细胞凋亡相关基因的表达，说明了胎儿 PFOS 暴露的风险。

3.2.4　PFOS 暴露对海马中凋亡相关蛋白质的影响

组织中总蛋白的提取和浓度的测定：从液氮中取大鼠海马组织，匀浆破碎后加入细胞裂解液，在冰上继续匀浆，4℃下 14000*g* 离心 15min 后，取上清液分装于离心管中，置于－20℃保存，用考马斯亮蓝（Bradford）法对蛋白质浓度进行检测。将蛋白质样品与 5×上样缓冲液（20μL＋5μL）混合。放入 100℃水浴加热 5～10min，取上清留待点样。

十二烷基硫酸钠聚丙烯酰胺凝胶电泳（sodium dodecyl sulfate-polyacrylamide gel electrophoresis，SDS-PAGE）：灌制 SDS-PAGE 电泳胶，将玻璃板、样品梳洗净，用 ddH_2O 冲洗数次，再用乙醇擦拭，晾干。将两块洗净的玻璃板装好。配制 10%分离胶 8.0mL，向玻璃板间灌制分离胶，立即覆一层重蒸水，待大约 20min 分离胶凝固后，将上层重蒸水倾去，滤纸吸干，然后向上层灌制 6%的浓缩胶 3.0mL，插入样品梳。然后装好电泳系统，加入电极缓冲液，上样，电泳。电泳条件为浓缩胶 80V，30min；分离胶 120V，60min，稳压 200V。待溴酚蓝刚跑出分离胶时，即停止电泳，需要 45min～1h。电泳完毕后，小心卸下胶板。除去小玻璃板后，将浓缩胶轻轻刮去，剥下分离胶盖于滤纸上，将膜盖于胶上，在膜上盖 3 张滤纸并除去气泡，用电转移装置将蛋白质转至 PVDF 膜上，电流 200mA，90min。电转移完毕后，取出膜，将膜放入 5%脱脂奶粉中，于 37℃封闭 1h。用封闭液稀释识别目的蛋白的抗体至恰当浓度，4℃振摇过夜。稀释酶标二抗，于 37℃缓慢振摇 1h。按试剂盒说明书混合发光液 A 和 B，与膜作用 1min 后进行 X 光片曝光。X 光片显影和定影后拍照，将胶片进行扫描或拍照，用凝胶图像处理系统分析目标带的分子量和净光密度值，并统计分析结果。

在持续暴露组，ALG-2 蛋白在持续暴露组呈上升趋势，变化形势与基因变化类似，但未出现显著性差异（图 3.21）。在出生前或出生后单独暴露组也未见显著性改变。DAPK2 蛋白在 PND35 除 TT5 暴露组外均轻微上调（图 3.22），但在各暴露组均未出现显著性差异，且 TC 组和 CT 组相比也未见显著性差异。

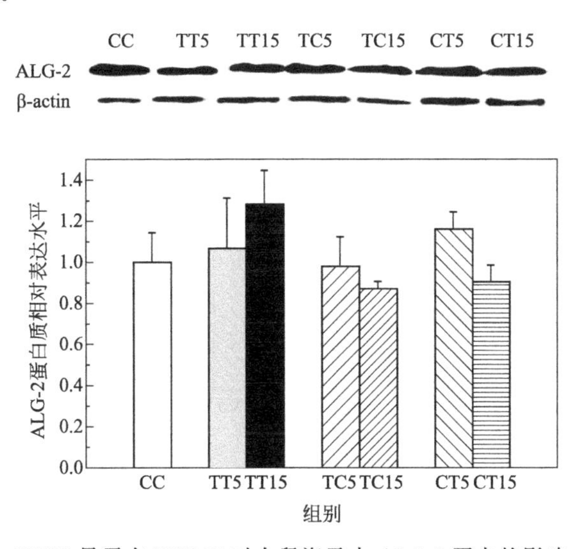

图 3.21　PFOS 暴露在 PND35 对大鼠海马中 ALG-2 蛋白的影响（$N=3$）

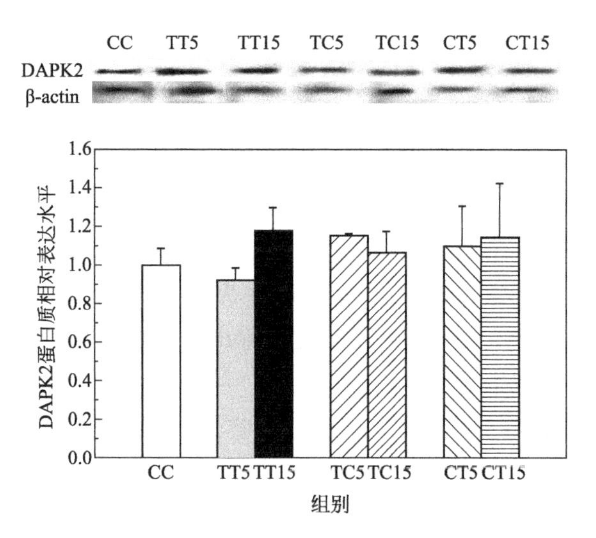

图 3.22 PFOS 暴露在 PND35 对大鼠海马中 DAPK2 蛋白的影响（$N=3$）

BCL-2 蛋白含量在各暴露组呈下降趋势（图 3.23）。在持续暴露组，BCL-2 蛋白呈明显的剂量-效应关系，且在 TT15 暴露组出现显著性差异。在出生前或出生后单独暴露组均未见显著性差异。P53 蛋白在持续暴露组呈现先下降后上升的趋势（图 3.24），但均未见显著性改变。在出生前或出生后单独暴露组均未见显著性差异。

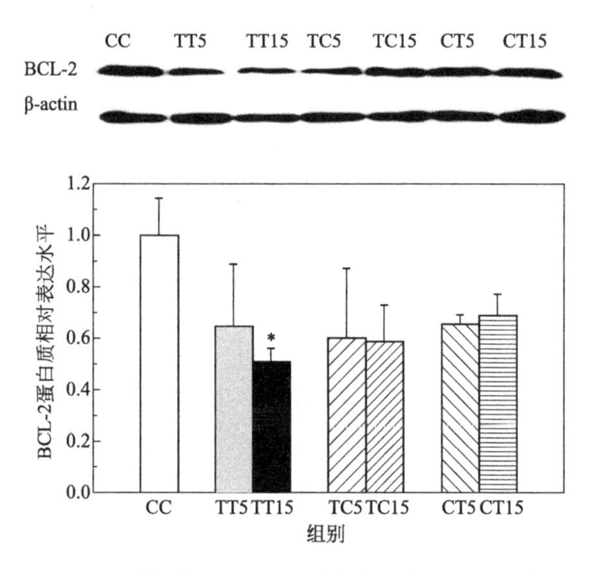

图 3.23 PFOS 暴露在 PND35 对大鼠海马中 BCL-2 蛋白的影响

$N=3$；* 表示与对照组相比有显著性差异（$p<0.05$）

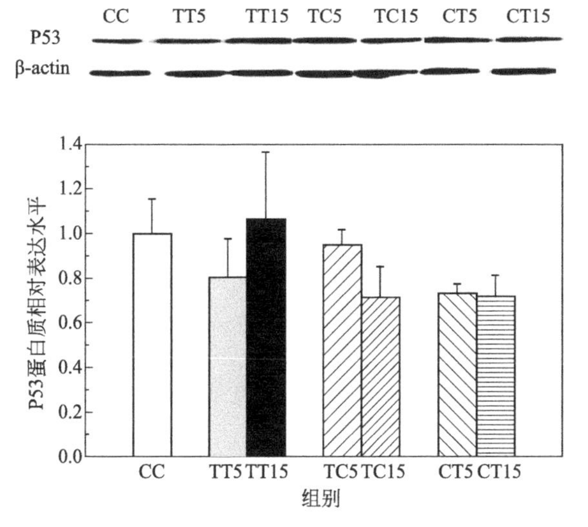

图 3.24　PFOS暴露在PND35对大鼠海马中P53蛋白的影响（$N=3$）

ALG-2和DAPK2蛋白相比基因变动水平很低，这提示ALG-2和DAPK2在转录水平更为敏感。也说明PFOS干扰了转录水平的诸多因素。P53作用于Bcl-2，或直接与线粒体相互作用，导致线粒体膜渗透性转换孔的张开和caspase的激活，最终导致凋亡的发生。Dong等（2012）报道PFOS能够通过P53途径诱导小鼠免疫系统的细胞凋亡而不改变Bcl-2的表达。这与Bcl-2家族基因的双向调控有关。在本研究中，P53蛋白未发生显著性改变，这和基因水平的变化是一致的。这可能是Bcl-2抑制的结果。其他研究发现BCL-2蛋白在成年鼠海马组织和免疫器官中表达下降（Long et al.，2013)。BCL-2蛋白的表达下调可能与Bcl-2家族的其他蛋白，如BAX和BCL-XL的相互作用有关。

PFOS造成的凋亡相关蛋白质的改变与转录水平不一致，提示PFOS同时干扰了转录后和翻译进程。蛋白质的反馈、正向基因的调节和PFOS的积累代谢也参与了调节，导致了*alg-2*和*dapk2*基因在转录水平的显著响应。基因*bcl-2*的上调促使了细胞凋亡，但是在PND35的TT15暴露组其蛋白水平仍然表现为下降，反馈机制导致了BCL-2蛋白水平的下调，说明抗凋亡途径的受损（图3.25)。

本研究考察了出生前后PFOS暴露对海马细胞凋亡的影响，得到如下结论：

(1) 发育期PFOS暴露造成PND 1、PND 7、PND 35海马细胞凋亡不同程度的升高，且仅出生前暴露PFOS同样能够造成仔鼠出生后神经元细胞

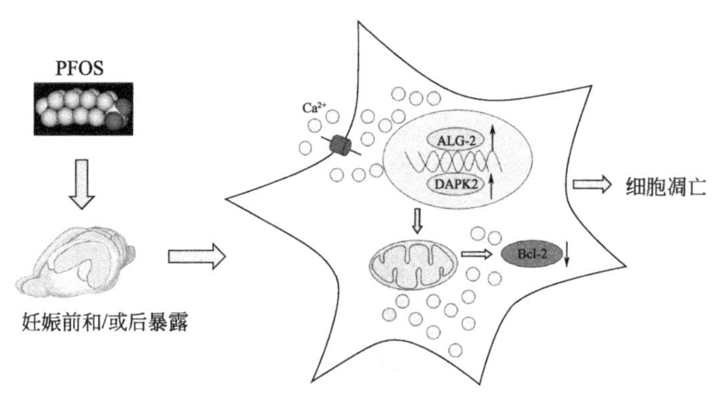

图 3.25　PFOS 诱导海马神经元细胞凋亡的机制

的凋亡，这与前期研究发现 PFOS 暴露造成仔鼠的学习记忆能力的下降一致，提示了出生前暴露较高的健康风险。

(2) $[Ca^{2+}]_i$ 变化趋势与凋亡类似，并在 PND1 和 PND7 显著性相关。

(3) 基因 *alg-2* 和 *dapk2* 表达的显著性上调表明 PFOS 造成的细胞凋亡升高与钙信号通路受干扰相关。BCL-2 蛋白在 PND35 的 TT15 暴露组显著下调，说明 PFOS 引起凋亡升高后在转录后和翻译水平的反馈调节机制受损，且最终抗凋亡机制受到破坏。

(4) 相比凋亡相关蛋白水平的变化，凋亡相关基因的变化更为灵敏，凋亡相关的基因和蛋白质的变化趋势不一致甚至呈现相反的趋势，说明了 PFOS 引起的凋亡升高在转录后和翻译水平的反馈调节机制。

综上，PFOS 可能通过诱导 $[Ca^{2+}]_i$ 升高，激活钙离子关联的凋亡相关基因，抑制 BCL-2 蛋白的表达，造成海马细胞的凋亡升高，这可能是发育期 PFOS 暴露的神经行为毒性的机制之一。

3.3　全氟辛烷磺酸暴露对大鼠海马神经元钙离子信号转导通路的影响

PFOS 可以诱导大鼠海马神经元钙离子浓度升高的现象已经被证实。前一章的研究结果显示：PFOS 暴露造成了海马细胞的凋亡升高，且凋亡的途径有 Ca^{2+} 参与。作为细胞内重要的第二信使，钙稳态是维持神经系统功能的重要因素。但是钙离子信号转导系统下游信号分子是否也受到影响并参与到了 PFOS 诱导的大鼠神经损伤机制中仍然未知。

钙失调能够引起钙蛋白酶（calpain）的过度激活。Calpain 是一种胞内 Ca^{2+} 依赖性的、水解半胱氨酸的蛋白酶家族，可调节多种酶和蛋白质的功能，包括信号转导分子等。calpain Ⅰ和 calpain Ⅱ是两类重要的钙蛋白酶家族成员，calpain Ⅰ在 μmol/L 浓度 Ca^{2+} 即可被激活，calpain Ⅱ需要 mmol/L 浓度 Ca^{2+} 激活。$[Ca^{2+}]_i$ 增多导致 calpain 功能失调可能在神经退行性疾病的发病过程中发挥重要作用。Calpain 可广泛作用于 CaM/CaMKⅡ通路、Ras-Raf-MAPK 通路和 cAMP（环磷酸腺苷）/PKA 通路（Vosler et al.，2008）等重要的钙信号通路。这些通路在海马突触可塑性中均起到关键作用，且与学习和记忆能力有重要关系。已有研究表明在阿尔茨海默病患者中，过度活跃的 calpain Ⅱ可抑制 PKA 表达，从而影响认知能力（Liang et al.，2007）。calpain Ⅱ也可作用于 CaMKⅡ，通过突触前和突触后行为维持 LTP。CREB 是 CaM/CaMKⅡ通路、Ras-Raf-MAPK 通路和 cAMP/PKA 通路共同的下游信号分子，是维持学习和记忆能力的关键因子（Alderton et al.，2001；Moosavi et al.，2014；Barco et al.，2002）。PKA 使 CREB 磷酸化并激活，从而促进与记忆相关的基因表达，最终使记忆增强。CaMKⅡ在记忆形成阶段与其他蛋白质相互作用而被激活，最终作用于 cAMP 反应元件结合蛋白（CREB）（Lonze et al，2002；Zhang et al，2014）。MAPK 信号通路也以磷酸化方式调节 CREB 的活性，进而调节记忆。尽管记忆的发生机制仍不清楚，但越来越多的证据表明，凡是能影响上述信号通路功能的化学品均可影响学习记忆过程。基于这些研究基础，结合前一章 PFOS 暴露导致 $[Ca^{2+}]_i$ 变化趋势，我们猜测钙信号转导通路的改变可能是 PFOS 神经毒性的分子机制之一，但目前有关 PFOS 暴露造成钙信号转导通路的变化情况仍然未知。

通过建立交叉哺育模型，比较出生前后 PFOS 暴露致仔鼠大脑发育期和成熟期关键生化酶钙蛋白酶的表达差异，以及主要钙信号转导通路 CaM/CaMKⅡ通路、Ras-Raf-MAPK 通路、cAMP/PKA 通路的变化，探讨 PFOS 引起学习记忆能力下降的分子机制。

3.3.1 PFOS 暴露对海马中钙蛋白酶的表达水平的影响

于 PND35 随机取各组仔鼠，乙醚麻醉致死，冰上取脑，分离海马。4％的多聚甲醛固定 24 h 后，梯度酒精（70％、80％、95％、100％）脱水，二甲苯透明，将蜡块上下两面修成平行面固定于切片机上，切成蜡带，选择有完整组织样的蜡带，40～60℃水浴箱中展片。二甲苯和无水乙醇进行脱蜡和复水，苏木素、伊红染色。

将石蜡切片60℃恒温箱中烘烤60min，将切片用二甲苯浸泡15min后，更换新的二甲苯后再浸泡15min，然后进行水化。分别用无水乙醇、95%乙醇、85%乙醇、75%乙醇浸泡切片5min。ddH_2O清洗3次。然后对切片进行微波修复。将切片浸入10mmol/L枸橼酸缓冲液（pH6.0），微波最大火力（98～100℃）加热至沸腾，保压4min，待溶液冷却5～10min，反复两次；将切片自然冷却至室温后（约）取出切片，ddH_2O和PBST分别清洗2次。将切片放置在3% H_2O_2-甲醇溶液中，室温处理15min。清洗3次。3% BSA-PBST室温封闭40min。加入用3% BSA-PBST稀释的一抗4℃湿盒中孵育过夜。室温复温60min。PBST浸泡清洗4次。加入酶标二抗，室温孵育60min。PBST清洗4次。配制好DAB显色液，滴加到切片上，湿盒显色3～5min。用蒸馏水终止显色反应。苏木素染液滴加至切片，染色10min，用蒸馏水冲洗干净。用1%盐酸-乙醇溶液分化10～15s后迅速放入蒸馏水中终止分化，充分水洗；再放入PBST中反蓝10min。在75%乙醇中浸泡5min；85%乙醇中浸泡5min；95%乙醇中浸泡5min；无水乙醇中浸泡5min。用二甲苯浸泡15min，更换二甲苯后再浸泡15min，加盖玻片封片。显微镜观察拍照。

结果采用SPSS 16.0统计分析软件处理，数据结果以平均值±标准误表示，进行单因素方差分析，采用post-hoc测试分析比较效应大小，post-hoc测试采用LSD进行两两比较。以$p<0.05$显示统计学显著性。当$p<0.05$时，被认为具有显著性差异，当$p<0.01$时，被认为具有极显著性差异。

免疫组化分析结果显示：PFOS暴露导致calpain Ⅰ表达量均降低，阴性面积增加（图3.26）。且随暴露剂量的升高，不同暴露模式的暴露组均呈现阴性面积增加的趋势。说明calpain Ⅰ在PND35表达受到抑制。对照组$[Ca^{2+}]_i$处于正常的表达水平区间，因此calpain Ⅰ处于活化状态，而各PFOS暴露组由于$[Ca^{2+}]_i$发生显著变化，calpain Ⅰ的表达受到抑制，说明PFOS暴露已经引起$[Ca^{2+}]_i$的改变。

与calpain Ⅰ结果不同，PFOS暴露诱导calpain Ⅱ在PND35激活（图3.27）。与对照组的阴性结果相比，各PFOS暴露组calpain Ⅱ表达量均升高，阳性面积增加。calpain Ⅱ在TC组的表达低于CT，但是都和TT组类似，随暴露剂量的升高，各暴露组阳性面积均呈现增加的趋势。calpain Ⅰ和calpain Ⅱ的异常表达说明$[Ca^{2+}]_i$的平衡状态受到了破坏，且$[Ca^{2+}]_i$显著性升高。

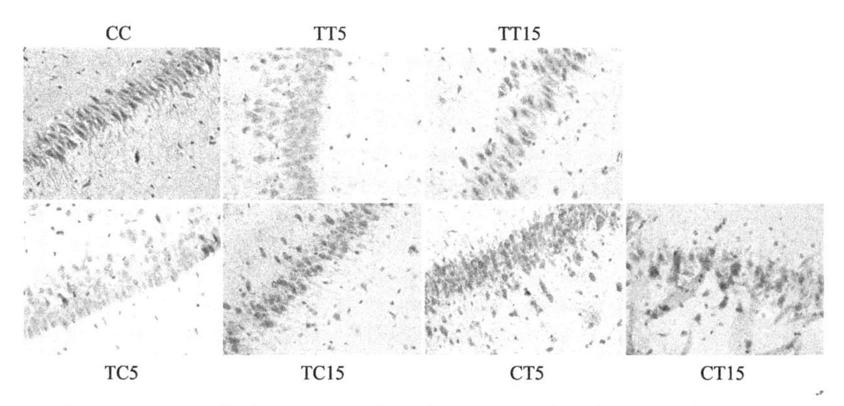

图 3.26　PFOS 暴露在 PND35 对海马 calpain Ⅰ表达水平的影响（200×）

钙蛋白酶参与多种细胞进程，包括细胞凋亡和导致神经退行性疾病。研究表明 calpain Ⅱ的过度激活可能由钙离子超载引起。calpain Ⅱ的表达量在 CT 组多于 TC 组，可能是出生后 PFOS 的持续暴露导致，这与细胞内 $[Ca^{2+}]_i$ 的结果一致，$[Ca^{2+}]_i$ 的升高导致 calpain Ⅰ的表达抑制和 calpain Ⅱ的过度激活。PFOS 诱导 $[Ca^{2+}]_i$ 的同时，能够抑制轴突生长和突触形成。已有研究发现阿尔茨海默病发病的可能机制之一与钙蛋白酶的异常激活相关（Ferreira，2012），这提示 PFOS 暴露诱导的 calpain Ⅱ的过度激活与神经退行性疾病的相关性，进一步说明 calpain Ⅱ的过度激活可能干扰下游信号分子，引发神经毒性效应。

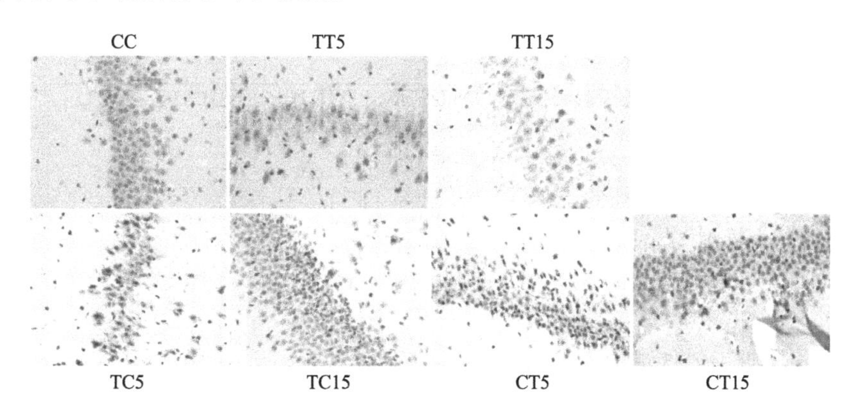

图 3.27　PFOS 暴露在 PND35 对海马 calpain Ⅱ表达水平的影响（200×）

3.3.2　PFOS 暴露对 cAMP/PKA 信号转导通路的影响

cAMP 表达水平呈现先升高后下降的趋势（图 3.28）。在 PND7，cAMP

表达水平呈上升趋势，并在TT5暴露组出现显著性差异，但其他暴露组未见明显改变。在PND35，cAMP表达水平下降，并在TC5暴露组出现显著性差异。在PND7和PND35，TC组和CT组均未出现显著性差异。

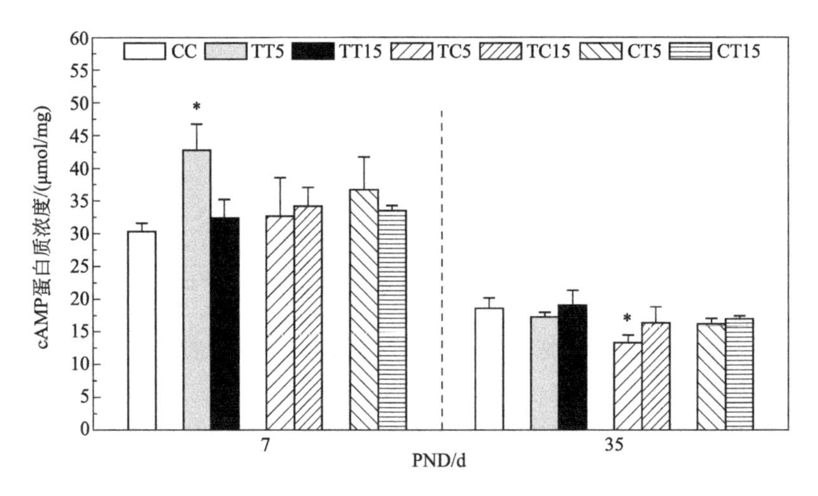

图3.28 PFOS暴露在PND7和PND35对海马cAMP表达水平的影响
$N=3$；* 表示与对照组相比有显著性差异（$p<0.05$）

PKA与cAMP的变化趋势类似。如图3.29所示，在PND7，PKA表达水平在TT5和TT15暴露组显著升高，同样的变化出现在TC15和CT15暴露组，且TC15暴露组PKA表达水平低于CT15暴露组。在PND35，PKA表达水平呈现轻微的下降趋势，但未出现显著性差异。

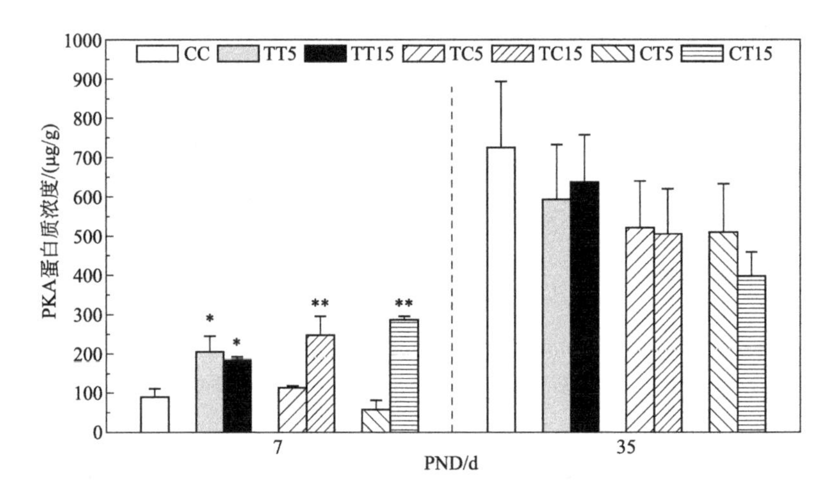

图3.29 PFOS暴露在PND7和PND35对海马PKA蛋白表达水平的影响
$N=3$；*，** 表示与对照组相比有显著性差异（$p<0.05$、$p<0.01$）

cAMP/PKA 信号通路在神经细胞的突触可塑性和学习记忆的形成过程中起着重要的作用。cAMP 是细胞内信号转导的第二信使，是激素和神经递质作用于特定靶细胞后，通过激活腺苷酸环化酶催化 ATP 水解生成的。cAMP 主要通过激活 PKA 使靶酶磷酸化，然后开启基因表达。细胞内 cAMP 的升高，可以激活下游信号分子 PKA，已有研究证实，有催化活性的 PKA 在长时程突触可塑性和长时记忆中具有重要作用。有报道表明 PKA 转基因小鼠缺乏 PKA 某一调节亚基而导致海马 PKA 活性降低，从而引起海马依赖的空间学习记忆功能缺陷。cAMP/PKA 通路使 CREB 发生磷酸化作用而活化，转移为 p-CREB，调节转录等进程。在本研究中，PKA 与 cAMP 在 PND7 表达上调，而在 PND35 表达下调，可能与神经系统处于不同的发育时期各蛋白质的活跃程度不同有关，提示发育期 PFOS 神经毒性作用的复杂性。大脑在 PND7 处于 BGS 期和血脑屏障尚未成熟的时期，细胞活动频繁，而在 PND35 发育成熟，各种反馈调节机制和细胞分化的能力与 PND7 不同。在本研究中，PND7 海马神经元细胞的过度活跃仍未能修复 PND35 PKA 和 cAMP 的表达抑制。说明 cAMP 和 PKA 在 PND35 的表达下调可能会造成仔鼠学习记忆能力的下降。

3.3.3 PFOS 暴露对 CaM/CaMKⅡ信号转导通路关键蛋白的影响

CaM 在 PND7 表达上调（图 3.30），在持续暴露组和出生前或出生后单独暴露组变化趋势一致，均呈现倒 U 型曲线，并在 TT5、TC5 和 CT5 暴露

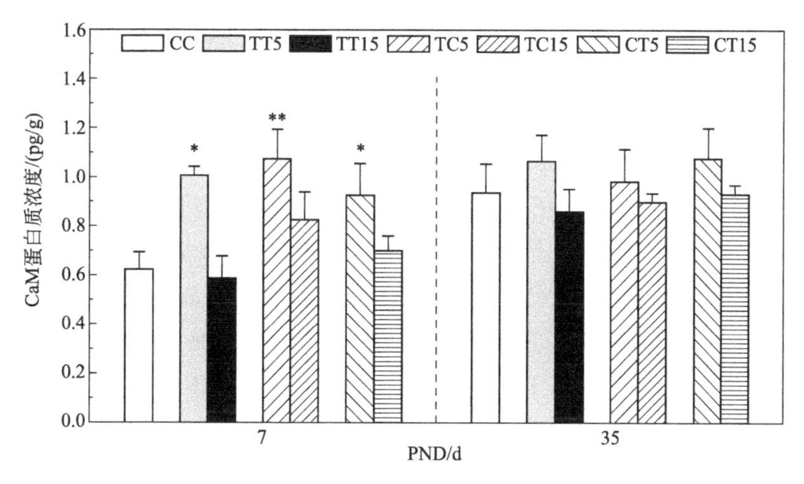

图 3.30 PFOS 暴露在 PND7 和 PND35 对海马 CaM 蛋白表达水平的影响

$N=3$；*、**分别表示与对照组相比有显著性差异（$p<0.05$、$p<0.01$）

组出现显著性差异。TC 组和 CT 组间未见显著性差异。CaM 在 PND35 各暴露组均未见显著性改变。

在 PND7，CaMKⅡ表达水平在 TT5 和 TT15 暴露组显著下降，并呈现剂量-效应关系（图 3.31）。显著性的表达下调同样出现在 TC 和 CT 暴露组。在 PND35，CaMKⅡ在持续暴露组（TT5 和 TT15），以及出生后暴露组（CT5 和 CT15）均显著上调，并呈现剂量-效应关系。在出生前暴露组也出现上调趋势，并在 TC15 暴露组出现显著性差异。

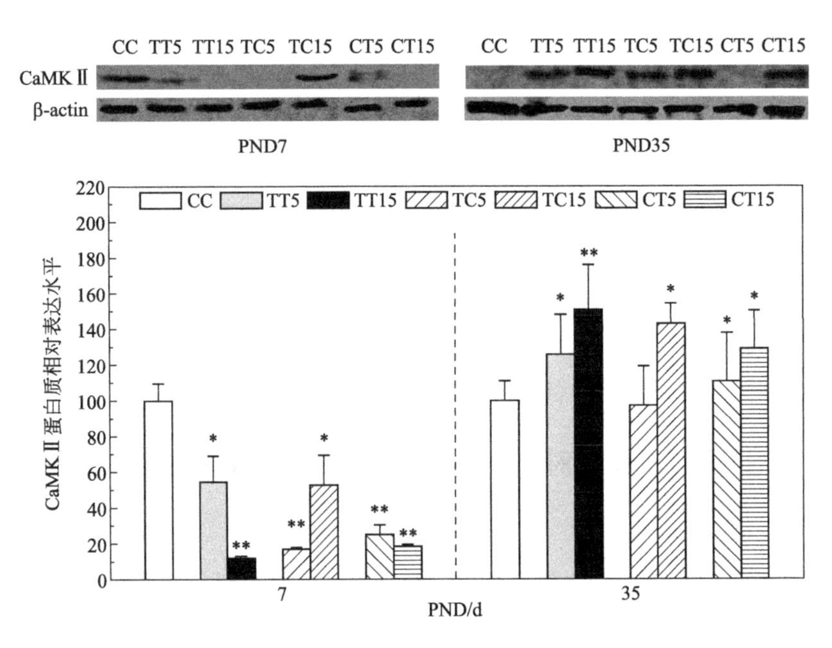

图 3.31 PFOS 暴露在 PND7 和 PND35 对海马 CaMKⅡ蛋白表达水平的影响

$N=3$；*、**分别表示与对照组相比有显著性差异（$p<0.05$、$p<0.01$）

CaM/CaMKⅡ-CREB 信号通路在突触可塑性和学习记忆能力的形成与维持上起重要作用（Miller et al.，2002）。现有 PFOS 对 CaM 的影响的研究非常有限。有研究表明学习记忆能力的下降伴随着 CaM 的减少（Cao et al.，2011）。CaM 在 PND7 的上调反映了神经系统的抵御能力，但是 CaM 在 PND35 的变化趋势说明 CaM 可能不是 PFOS 对突触可塑性的损伤的标志性因素。在 CaM/CaMKⅡ-CREB 信号通路中，CaMKⅡ是 LTP 的关键调节因子。CaMKⅡ也是调节 p-CREB 的必要因子之一。CaMKⅡ/CREB 信号通路参与 LTP、突触可塑性和学习记忆能力进程。钙离子激活 CaM，并形成 Ca-CaM 复合物。复合物作用于 CaMKⅡ，导致其磷酸化的发生。PFOS 慢性暴露能够导致大鼠海马中 CaMKⅡ显著增多。在 PND10 一次性暴露 PFOS 后小鼠海马中CaMKⅡ也显著性增多，并伴随神经退行性疾病的类似症状的出现。CaMKⅡ表达量的增加提示了PFOS的神经毒性和引发神经退行性病变的风险（Costa et al.，2007；Wang et al.，2008）。大脑发育的不同时期CaMKⅡ的变化趋势不同，CaM/CaMKⅡ信号通路的抑制也伴随着学习记忆能力的下降。CaMKⅡ在PND7表达下调但在PND35上调，说明PFOS可能直接作用于CaMKⅡ，而不是通过作用于CaM来干扰CaMKⅡ的正常表达。

3.3.4 PFOS暴露对MAPK信号转导通路关键蛋白的影响

在PND7，持续暴露组MAPK的表达变化呈现剂量-效应关系（图3.32），且在TT15暴露组显著升高。而在出生前或出生后单独暴露组也呈现上调趋势，但未见显著性差异。在PND35，各暴露组MAPK表达水平也呈现上升趋势，且在CT5暴露组出现显著性升高，其他组未见显著性差异。

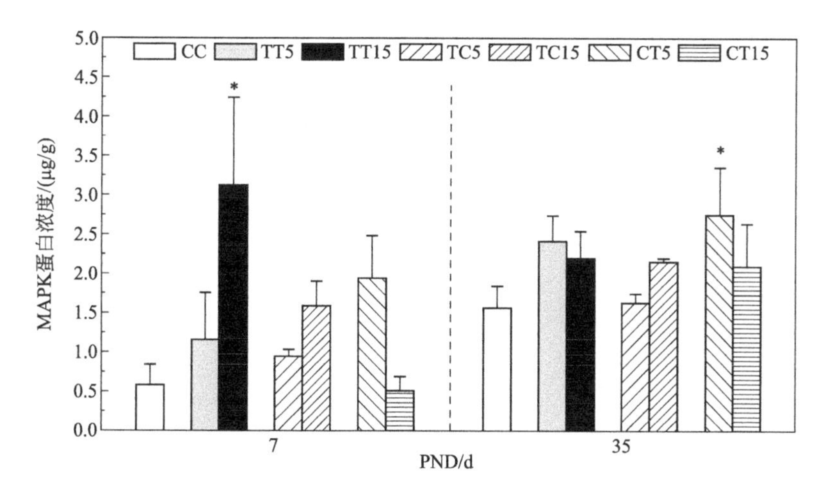

图3.32 PFOS暴露在PND7和PND35对海马MAPK蛋白表达水平的影响

$N=3$；*表示与对照组相比有显著性差异（$p<0.05$）

MAPK级联信号转导通路连接最外信号与膜受体、转录因子和中央通路的调节基因，这些因子是信号从细胞表面传达到细胞核的重要信号，其主要功能是促进细胞的存活。MAPK通路在海马突触可塑性中有关键作用，与学习和记忆能力有重要关系。有各种各样的信号可以激活MAPK通路。Raf、MEK和MAPK都是丝裂原活化蛋白激酶。Ca^{2+}能激活Ras信号通路，Ras直接结合并激活Raf，磷酸化的Raf能够激活MEK，进而磷酸化和激活MAPK。Ca^{2+}还可以与CaM结合生成Ca^{2+}/CaM复合物后激活

MAPK。钙超载可通过 p38/MAPK 信号转导通路引起细胞凋亡。MAPK/CREB 通路激活 CERB 刺激 BDNF 的释放（Spencer et al.，2009）。MAPK 在 PND7 和 PND35 增加，且与 cAMP、PKA 和 CaM 具有相似的变化趋势，表明 PFOS 可能通过 cAMP/PKA 或 Ca/CAM 途径激活 MAPK。当 MAPK 通路被 cAMP/PKA 通路激活，可以继续激活各种转录因子，如 CREB，从而在突触可塑性中进一步发挥作用。

3.3.5 PFOS 暴露对 p-CREB 的影响

p-CREB 表达水平出现类似的结果（图 3.33）。在 PND7，p-CREB 在持续暴露组和出生前/后单独暴露组均表现为上调趋势，且在 TT15 暴露组表达显著性升高。TC 和 CT 组未见显著性差异。相反，p-CREB 在 PND35 表达下调，并在 TT5 和 TT15 暴露组出现显著性差异。TC 组和 CT 组也出现显著性下调，并呈现剂量-效应关系，且 TC 组的下降较 CT 组更为严重。

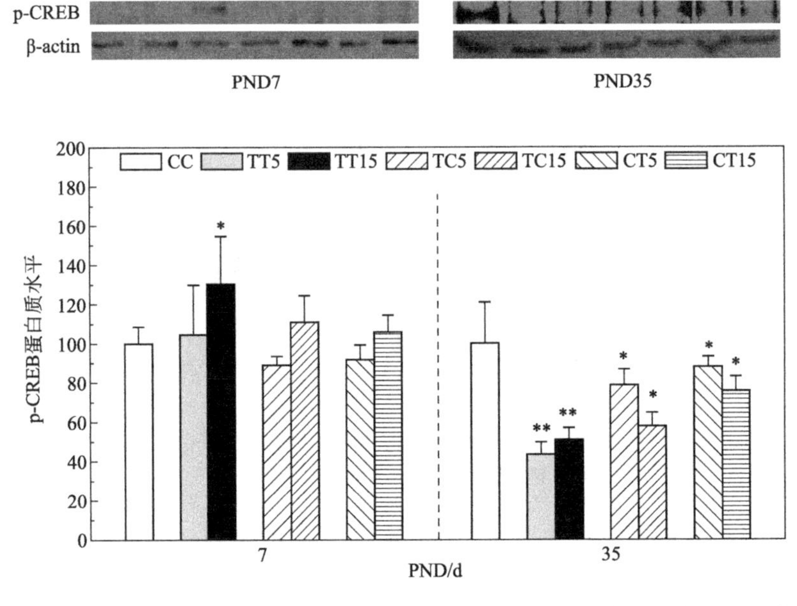

图 3.33 PFOS 暴露在 PND7 和 PND35 对海马 p-CREB 蛋白表达水平的影响

$N=3$；*、**分别表示与对照组相比有显著性差异（$p<0.05$、$p<0.01$）

p-CREB 与上游反应元件结合，启动下游基因的转录，促进学习记忆基因的大量转录并进一步影响新蛋白质的合成。这些蛋白质包括许多与长时性记忆相关的蛋白质因子，如 BDNF 即刻早期基因产物 *c-fos* 和 BCL-2 蛋白等，从而参与学习记忆的形成和维持（Meyer et al，1993；Finkbeiner et al，1998）。p-CREB是学习记忆的分子标志，在长时程记忆的形成和巩固方面发挥着重要作用。p-CREB参与下游因子的转录调控。有研究表明暴露PFOS可导致海马中转录因子c-fos和c-jun的上调。此外，p-CREB参与突触相关蛋白的合成。从GD1到PND14暴露PFOS后，BDNF蛋白在PND14上调。CREB同时是calpain的底物，calpainⅡ的过度激活和PKA的下调会干扰CREB磷酸化位点，抑制CREB的表达。

在PND7和PND35，PFOS暴露造成的CaMKⅡ和p-CREB表达不一致，这说明PFOS可能直接作用于CaM/CaMKⅡ信号通路，但p-CREB的表达下降并不主要受到CaM/CaMKⅡ信号通路的调控。MAPK激活仍然伴随CREB的下调，表明PFOS对p-CREB的抑制作用主要不是通过MAPK/CREB通路。cAMP、PKA和p-CREB表现为相同的变化趋势，均在PND7表达上调，在PND35表达下调。PND7的表达上调说明PFOS在BGS期能够造成细胞内游离钙离子浓度增多，刺激cAMP/PKA-CREB信号通路的过度活化；PND35的表达下调，提示PFOS在大脑发育成熟期可能通过cAMP/PKA信号通路抑制CREB的磷酸化作用，从而降低大鼠的学习记忆能力（图3.34）。

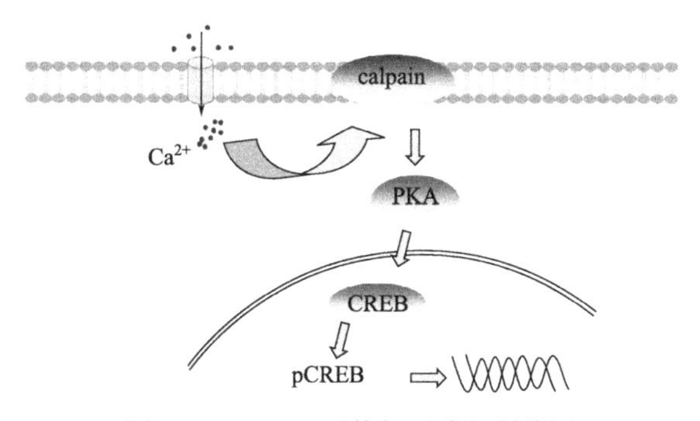

图3.34　PFOS干扰钙通路机制简图

PFOS对钙信号通路关键蛋白质cAMP和PKA的影响在PND7和PND35不同，提示发育期PFOS神经毒性作用的复杂性，这可能与血脑屏障和BGS有关。此外，出生前PFOS暴露产生的影响与出生后暴露的影响相当，这表明产前PFOS暴露神经发育毒性可以持续到成年，进一步反映出胚胎期PFOS暴露的健康风险。

通过考察发育期PFOS暴露对关键钙信号转导通路的干扰，得到如下结论：

（1）发育期暴露 PFOS 可以干扰钙信号转导通路。PFOS 造成 $[Ca^{2+}]_i$ 升高导致 calpain Ⅰ的表达抑制和 calpain Ⅱ的过度激活，从而引发钙信号转导通路的表达紊乱。

（2）钙信号通路的改变主要表现为 CaMK Ⅱ的过度激活，和 cAMP、PKA 和 p-CREB 的表达抑制。CaM 和 MAPK 变化趋势在 PND35 不显著。提示 PFOS 在大脑发育成熟期可能通过 cAMP/PKA 信号通路抑制 CREB 的磷酸化作用，从而导致大鼠的空间学习记忆能力的降低。

（3）胚胎期是 PFOS 暴露的关键作用时期，尽管出生前暴露组海马组织 PFOS 浓度远低于出生后暴露组，但各蛋白质变化水平均与出生后暴露相当。

综上，calpain Ⅱ过度活化可能通过抑制 cAMP-PKA 通路关键蛋白的表达，抑制 CREB 磷酸化进程，干预 CREB 活化。这可能是 PFOS 造成学习记忆能力下降的分子机制之一。

参考文献

郑倩，骆云鹏，2001. 钙稳态紊乱和细胞凋亡. 川北医学院学报，04：142-144.

Aigner L，Caroni P，1995. Absence of persistent spreading，branching，and adhesion in GAP-43-depleted growth cones. Journal of Cell Biology，128（4）：647-660.

Alderton W K，Cooper C E，Knowles R G，2001. Nitric oxide synthases：structure，function and inhibition. Biochemical Journal，357：593-615.

Barco A，Alarcon J M，Kandel E R，2002. Expression of constitutively active CREB protein facilitates the late phase of long-term potentiation by enhancing synaptic capture. Cell，108（5）：689-703.

Costa L G，Giordano G，2007. Developmental neurotoxicity of polybrominated diphenyl ether（PBDE）flame retardants. Neurotoxicology，28（6）：1047-1067.

Cao G F，Liu Y，Yang W，et al.，2011. Rapamycin sensitive mTOR activation mediates nerve growth factor（NGF）induced cell migration and pro-survival effects against hydrogen peroxide in retinal pigment epithelial cells. Biochemical and Biophysical Research Communications，414（3）：499-505.

Chen T，Zhang L，Yue J，et al.，2012. Prenatal PFOS exposure induces oxidative stress and apoptosis in the lung of rat off-spring. Reproductive Toxicology，33（4）：538-545.

Dong G，Wang J，Zhang Y，et al.，2012. Induction of p53-mediated apoptosis in splenocytes and thymocytes of C57BL/6 mice exposed to perfluorooctane sulfonate（PFOS）. Toxicology and Applied Pharmacology，264（2）：292-299.

Finkbeiner S，Greenberg M E，1998. Ca^{2+} channel-regulated neuronal gene expression.

Journal of Neurobiology, 37 (1): 171-189.

Ferreira A, 2012. Calpain dysregulation in Alzheimer's disease. ISRN Biochemistry, 2012: 1-12.

Hughes P E, Alexi T, Walton M, et al., 1999. Activity and injury-dependent expression of inducible transcription factors, growth factors and apoptosis-related genes within the central nervous system. Progress in Neurobiology, 57 (4): 421-450.

Harada K H, Ishii T M, Takatsuka K, et al., 2006. Effects of perfluorooctane sulfonate on action potentials and currents in cultured rat cerebellar Purkinje cells. Biochemical and Biophysical Research Communications, 351 (1): 240-245.

Heldt S A, Stanek L, Chhatwal J P, et al., 2007. Hippocampus-specific deletion of BDNF in adult mice impairs spatial memory and extinction of aversive memories. Molecular Psychiatry, 12 (7): 656-670.

Johansson N, Fredriksson A, Eriksson P, 2008. Neonatal exposure to perfluorooctane sulfonate (PFOS) and perfluorooctanoic acid (PFOA) causes neurobehavioural defects in adult mice. Neurotoxicology, 29 (1): 160-169.

Johansson N, Eriksson P, Viberg H, 2009. Neonatal exposure to PFOS and PFOA in mice results in changes in proteins which are important for neuronal growth and synaptogenesis in the developing brain. Toxicological Sciences, 108 (2): 412-418.

Korte M, Carroll P, Wolf E, et al., 1995. Hippocampal long-term potentiation is impaired in mice lacking brain-derived neurotrophic factor. Proceedings of the National Academy of Sciences of the United States of America, 92 (19): 8856-8860.

Kawai T, Nomura F, Hoshino K, et al., 1999. Death-associated protein kinase 2 is a new calcium/calmodulin-dependent protein kinase that signals apoptosis through its catalytic activity. Oncogene, 18 (23): 3471-3480.

Kawamoto K, Nishikawa Y, Oami K, et al., 2008. Effects of perfluorooctane sulfonate (PFOS) on swimming behavior and membrane potential of paramecium caudatum. Journal of Toxicology Science, 33 (2): 155-161.

Komori Y, Tanaka M, Kuba M, et al., 2010. Ca^{2+} homeostasis, Ca^{2+} signalling and somatodendritic vasopressin release in adult rat supraoptic nucleus neurones. Cell Calcium, 48 (6): 324-332.

Kemp S W P, Webb A A, Dhaliwal S, et al., 2011. Dose and duration of nerve growth factor (NGF) administration determine the extent of behavioral recovery following peripheral nerve injury in the rat. Experimental Neurology, 229 (2): 460-470.

Lonze B E, Ginty D D, 2002. Function and regulation of CREB family transcription factors in the nervous system. Neuron, 35 (4): 605-623.

Liang Z, Liu F, Grundke-Iqbal I, et al., 2007. Down-regulation of cAMP-dependent protein kinase by over-activated calpain in Alzheimer disease brain. Journal of Neurochemistry, 103 (6): 2462-2470.

Liao C, Li X, Wu B, et al., 2008. Acute enhancement of synaptic transmission and chronic inhibition of synaptogenesis induced by perfluorooctane sulfonate through mediation of voltage-dependent calcium channel. Environmental Science & Technology, 42 (14): 5335-5341.

Liu X, Jin Y, Liu W, et al., 2011. Possible mechanism of perfluorooctane sulfonate and perfluorooctanoate on the release of calcium ion from calcium stores in primary cultures of rat hippocampal neurons. Toxicology in Vitro, 25 (7): 1294-1301.

Lee H, Lee Y J, Yang J, 2012. Perfluorooctane sulfonate induces apoptosis of cerebellar granule cells via a ROS-dependent protein kinase C signaling pathway. NeuroToxicology, 33 (3): 314-320.

Long Y, Wang Y, Ji G, et al., 2013. Neurotoxicity of perfluorooctane sulfonate to hippocampal cells in adult mice. PLoS One, 8 (1): e54176.

Meyer T E, Habener J F, 1993. Cyclic adenosine 3′,5′-monophosphate response element binding protein (CREB) and related transcription-activating deoxy-ribonucleic acid-binding proteins. Endocrine Reviews, 14 (3): 269-290.

Miller S, Yasuda M, Coats J K, et al., 2002. Disruption of dendritic translation of CaMK Ⅱ alpha impairs stabilization of synaptic plasticity and memory consolidation. Neuron, 36 (3): 507-519.

Moosavi M, Abbasi L, Zarifkar A, et al., 2014. The role of nitric oxide in spatial memory stages, hippocampal ERK and CaMKⅡ phosphorylation. Pharmacology Biochemistry and Behavior, 122: 164-172.

Rodriguez-Lopez A M, Martinez-Salgado C, Eleno N, et al., 1999. Nitric oxide is involved in apoptosis induced by thapsigargin in rat mesangial cells. Cellular Physiology and Biochemistry, 9 (6): 285-296.

Schanne F A, Kane A B, Young E E, et al., 1979. Calcium dependence of toxic cell death: a final common pathway. Science, 206 (4419): 700-702.

Shimizu S, Nomoto M, Naito S, et al., 1998. Simulation of nitric oxide synthase during oxidative endothelial cell injury. Biochemical Pharmacology, 55 (1): 77-83.

Spencer J, 2009. Flavonoids and Brain Health: Multiple effects underpinned by common mechanisms. Genes and Nurition, 4 (4): 243-250.

Vosler P S, Brennan C S, Chen J, 2008. Calpain-Mediated Signaling Mechanisms in Neuronal Injury and neurodegeneration. Molecular Neurobiology, 38 (1): 78-100.

Wang Q S, Hou L Y, Zhang C L, et al., 2008. 2,5-hexanedione (HD) treatment alters calmodulin, Ca^{2+}/calmodulin-dependent protein kinase Ⅱ, and protein kinase C in rats' nerve tissues: Toxicology and Applied Pharmacology, 232 (1): 60-68.

Wang F, Liu W, Jin Y, et al., 2011. Interaction of PFOS and BDE-47 co-exposure on thyroid hormone levels and th-related gene and protein expression in developing rat brains：Toxicological Sciences，121 (2)：279-291.

Zhang Z，Zhang H，Du B，et al.，2012. Neonatal handling and environmental enrichment increase the expression of GAP-43 in the hippocampus and promote cognitive abilities in prenatally stressed rat offspring. Neuroscience Letters，522 (1)：1-5.

Zhang L，Jin C，Lu X，et al.，2014. Aluminium chloride impairs long-term memory and downregulates cAMP-PKA-CREB signalling in rats. Toxicology，323：95-108.

第4章 全氟化合物对大鼠学习记忆功能改变及机制研究

4.1 全氟辛烷磺酸发育期暴露对大鼠行为及学习记忆能力的影响

神经系统是直接或间接调控机体正常生理活动的中心。行为变化是一种快速和敏感的神经毒性指标，当机体急性暴露或接触环境毒物时，往往表现出行为功能上的障碍。流行病学调查表明，血浆中PFOS浓度较高的新生儿，其能够直立坐立时的年龄更大（Fei et al，2008）。前期研究已经表明，机体在发育的不同阶段暴露PFOS后，其神经行为受到了不同程度的损伤。啮齿动物在胚胎期暴露PFOS会导致行为损伤，主要表现为探索类行为的增加，自发性行为的减少和认知能力的损伤。啮齿动物在出生前暴露PFOS能够导致出生后学习记忆能力的持久性损伤，造成发育神经系统的改变。但是，现有PFOS对行为学影响的研究仍非常有限，且缺乏PFOS发育神经毒性作用的敏感期研究。本实验采用交叉哺育模型，建立不同PFOS暴露模型，暴露时间为GD1至大脑发育成熟期PND35。暴露期间记录仔鼠的生长发育情况，在PND35观察仔鼠海马的组织病理学损伤程度，并通过莫里斯水迷宫（MWM）实验检测仔鼠的学习记忆能力，研究出生前后PFOS暴露对空间学习记忆能力的影响。探讨PFOS神经毒性效应的关键时期，为PFOS健康风险评价提供科学依据。

4.1.1 全氟辛烷磺酸发育期暴露对基本生物学指标的影响

（1）发育期暴露模型构建

发育期暴露模型可以阐明PFOS对不同发育阶段暴露的影响，采用对照组母鼠和PFOS暴露母鼠所产的仔鼠进行交叉哺育的方法，建立出生前后均不暴露、出生前暴露而出生后不暴露组、出生前未暴露而出生后暴露的PFOS暴露模型动物。本染毒方案的创新之处在于结合PFOS亚慢性暴露和交叉哺育染毒，染毒时间包括胚胎期和发育期直至仔鼠成年（PND90），观察发育期PFOS暴露对其成年后的影响。同时由于饮食是PFOS最主要的暴露方式，本研究采用的自由饮水暴露染毒接近真实复杂的暴露情况。

如3.1.1节所述构建交叉哺育模型，成年健康Sprague Dawley（SD）大鼠，体重200～220g，培养条件控制温度（23±2)℃，湿度60%～70%，昼夜自然交替，自由摄食和饮水，适应性喂养1周后开始实验。将大鼠按照

3∶1的雌雄比例进行合笼，次日清晨对雌鼠进行阴道涂片检查。以镜检到精子的日期为妊娠第一天（GD 1）。雌鼠受孕后立即单笼饲养，并按照3∶2∶2∶3的比随机分成对照组、低剂量PFOS暴露组、中剂量PFOS暴露组和高剂量PFOS暴露组。PFOS溶于2%的Tween-20，配制成1.7g/L、5g/L、15g/L的PFOS贮存液备用。PFOS通过饮水暴露，即将不同浓度的PFOS贮存液稀释1000倍为1.7mg/L、5mg/L、15mg/L的使用液分别给予低中高暴露组，对照组给予含相同比例（0.002 %）Tween-20的水溶液。暴露时间为母鼠GD 1到出生后第90天（PND 90），PND 21仔鼠断奶后和母鼠摄食同样的食物和水。另外，将对照组和高浓度暴露组在同一天出生的仔鼠在PND 1进行整窝交换建立出生前和/或出生后PFOS暴露组。一共6个处理组：出生前后均不暴露PFOS的对照组（Control）；出生前和出生后持续暴露于低中高剂量PFOS的处理组（TT1.7、TT5和TT15）；出生前不暴露PFOS而出生后暴露于高剂量PFOS的处理组（CT15）；出生前暴露于高剂量PFOS而出生后不暴露PFOS的处理组（TC15）。

（2）基本生物学指标的变化

将来自不同暴露组的仔鼠和同一天出生的对照组的仔鼠在PND1进行整窝交换，建立以下7个暴露组别：出生前后均不暴露PFOS的对照组（CC）；出生前和出生后持续暴露于低剂量PFOS和高剂量PFOS的暴露组（TT5和TT15）；出生前不暴露PFOS而出生后分别暴露于低剂量PFOS和高剂量PFOS的暴露组（CT5和CT15）；出生前分别暴露于低剂量PFOS和高剂量PFOS而出生后不暴露PFOS的暴露组（TC5和TC15）。整个暴露期间每隔3天统计母鼠体重变化，统计母鼠妊娠期长度，记录对照组和各暴露组每窝产仔个数和仔鼠的体重变化，每周记录仔鼠体重，并观察记录仔鼠的睁眼期。

各组母鼠在妊娠期和哺乳期的体重相比均未发生显著性变化（图4.1），说明在本实验条件下，PFOS暴露并未对母鼠产生明显的一般毒性作用。母鼠妊娠期长度随PFOS暴露剂量增加呈增长趋势，TT15组母鼠妊娠期长度显著高于对照组（表4.1）。各组母鼠产仔个数无显著差异。

PFOS暴露后对母鼠产仔数量和仔鼠24h存活个数的统计结果显示，各组母鼠产仔数量并无显著差异（表4.2），仔鼠出生24h后存活数量在TT15暴露组下降，但与对照组相比无显著性差异。

PFOS暴露组仔鼠体重与对照组相比均显著降低（表4.3）。在出生前后持续暴露组（TT5和TT15），从PND7开始，仔鼠体重显著性低于对照组。在出生后暴露组（TC15），从PND1开始，仔鼠体重显著性低于对照组。出生后暴露组（CT5）仔鼠体重从PND14开始低于对照组。并且随着时间延长，各暴露组体重仍然未恢复至对照组水平。

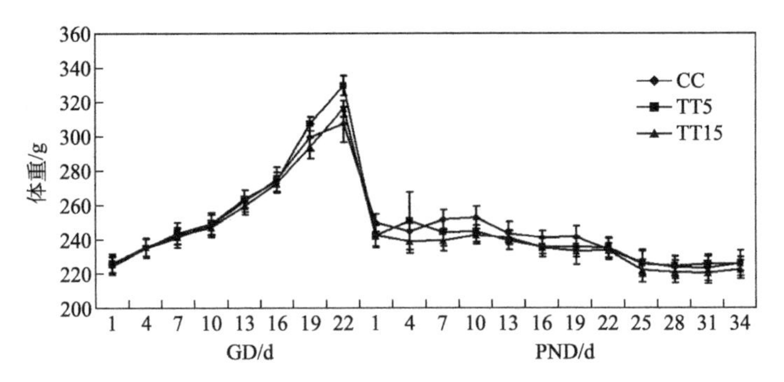

图 4.1　PFOS暴露对母鼠妊娠期和哺乳期体重的影响

表 4.1　PFOS暴露对妊娠期母鼠基本生物学指标的影响

评价指标	母鼠暴露浓度/(mg/L)		
	0	5	15
交配母鼠数量/个	31	21	24
怀孕母鼠数量/个	25	17	19
仔鼠出生窝数（*N*）	25	17	19
母鼠妊娠期长度/d①	21.7±0.1	22.1±0.2	22.3±0.1**

注：**表示与对照组相比 $p<0.01$。

① CC、TT5和TT15组中母鼠个数 n 分别为22、17和19。

表 4.2　PFOS暴露对母鼠产仔数和仔鼠存活率的影响

评价指标	暴露浓度/(mg/L)		
	0	5	15
每窝仔鼠出生个数（*N*）	10.5±0.6	11.6±0.8	10.3±0.8
PND①1仔鼠存活个数（*N*）	10.4±0.5	11.2±0.7	8.7±0.8

① PND表示出生后时间。

表 4.3　PFOS暴露对仔鼠体重的影响

组别	出生后时间					
	PND1	PND7	PND14	PND21	PND28	PND35
CC①	5.3±0.1	15.4±0.7	31.9±0.7	48.4±0.9	70.4±1.4	103.4±2.7
TT5①	5.3±0.1	13.7±0.8**	22.5±0.9**	34.2±1.5**	59.0±2.4**	93.1±6.2**

续表

组别	出生后时间					
	PND1	PND7	PND14	PND21	PND28	PND35
TT15①	5.3±0.1	12.5±0.3**	21.5±0.8**	34.0±1.2**	50.4±1.5**	85.5±2.5**
TC5②	5.0±0.1	12.0±0.1**	24.2±0.6**	37.2±0.7**	56.8±1.3**	76.0±2.1**
TC15③	4.7±0.1**	13.3±0.4**	28.0±0.7*	34.8±1.0**	52.4±1.2	78.1±1.4**
CT5②	5.8±0.2	14.7±0.6	26.7±0.6**	38.9±1.1**	60.3±1.7**	95.6±1.4**
CT15③	5.5±0.1	12.0±0.2**	23.7±0.7**	34.1±1.0**	56.5±1.3**	78.3±2.5**

注：*、**分别表示与对照组相比有显著性差异（$p<0.05$、$p<0.01$）。
① CC、TT5 和 TT15 组中 $n=14$。②CT5 和 TC5 组中 $n=17$。③CT15 和 TC15 组中 $n=20$。

PFOS 暴露造成仔鼠睁眼期的延迟（图 4.2）。睁眼期在出生前后持续暴露组和单独暴露组均随 PFOS 暴露剂量的升高而延迟，且在 TT15、CT15、TC5 和 TC15 组出现显著性差异。出生前暴露组仔鼠睁眼期的延迟程度与出生后单独暴露组相比更为严重，表现为 TC5 暴露组与对照组相比显著延迟，而 CT5 暴露组仔鼠睁眼期未出现显著性变化。

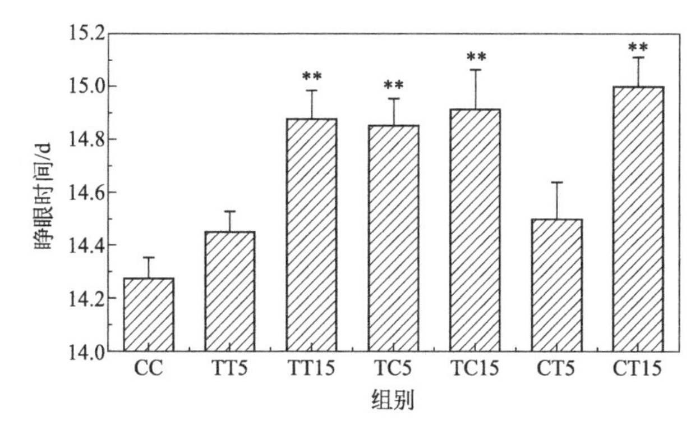

图 4.2 PFOS 暴露对仔鼠睁眼期的影响

**表示与对照组相比出现显著性差异（$p<0.05$）；CC、TT5、TT15、TC5、CT15 组中 $n=40$，CT5、TC15 组中 $n=14$、23

PFOS 暴露并未对母鼠产生明显的一般毒性作用，但是导致仔鼠出生后体重的降低以及睁眼期的延长。母鼠与仔鼠的不同毒性效应显示成年和新生儿对 PFOS 的敏感度不同，暴露同样剂量的 PFOS 可能对胚胎和新生儿的毒害作用更大。类似的胚胎期暴露和两代繁殖实验表明 PFOS 能够造成大鼠和仔鼠死亡率升高和发育延迟。PFOS 暴露对仔鼠体重和睁眼期的影响表明 PFOS 能够影响仔鼠的生长发育。出生后暴露组睁眼期与出生前暴露组有所延迟，表明胚胎期可能为 PFOS 发育毒性作用的敏感期。

（3）母鼠和仔鼠血清和海马组织中 PFOS 的含量

① 血清及海马组织的收集　各组母鼠在 PND7 和 PND35，仔鼠在 PND 1、PND 7、PND 35 经乙醚麻醉后，心脏取血致死。血液室温静置 2h 后，1000r/min 离心 10min，分离血清，－20℃冰箱冻存待测。冰上快速取出脑组织，剥离海马组织，磷酸盐缓冲液（PBS）清洗后，液氮中冻存待测。

② 血清及海马组织中 PFOS 含量的测定　本研究设置空白对照用于排除样品采集、样品处理和分析过程可能造成的样品污染。量取 50μL 血清样品（或称量一定质量的海马组织）于 15mL 的聚丙烯离心管中。海马组织加入 0.5mol/L 氢氧化钠 2mL，80℃消化过夜，然后加入盐酸中和。血清样品中加入 0.25mol/L Na_2CO_3 缓冲液 2mL。所有血清和海马组织样品中均加入 1mL 的 0.5mol/L TBAHS（pH＝10.0）和 5mL MTBE，涡旋 20min，3000r/min 离心 10min。上清液转移至新的离心管。剩余混合物加入 MTBE 再次萃取。两次萃取的上清液混合后，氮气吹干，1mL 乙腈定容。溶液样品通过 0.45μm 尼龙过滤，液相色谱-质谱联用仪分析 PFOS 浓度。PFOS 的最低检测限和定量检出限分别为 0.2μg/L 和 0.5μg/L。血清中 PFOS 和海马中回收率分别为（97.1±4.0）%、(96.9±3.8)%。

③ 母鼠血清和海马组织中 PFOS 的蓄积浓度　母鼠在 PND7 和 PND35，新生大鼠在 PND 1、PND 7、PND 35，其血清和海马组织中 PFOS 的蓄积浓度见表 4.4～4.7。对照组母鼠和仔鼠的海马和血清中均未检测到 PFOS。母鼠海马和血清中的 PFOS 浓度随暴露时间增加而显著升高（表 4.4，表 4.5）。且母鼠血清中 PFOS 浓度均高于对应组别海马组织中 PFOS 浓度。PFOS 浓度在血清和海马中均呈现出剂量依赖性，且 15mg/L 暴露组中母鼠海马和血清中 PFOS 浓度是 5mg/L 暴露组的 3～5 倍。

表 4.4　母鼠血清中 PFOS 的蓄积浓度/(μg/mL)

出生后时间	母鼠暴露浓度/(mg/L)		
	0	5	15
PND7	nd①	25.7±0.8**	99.3±2.0**
PND35	nd	64.3±9.5**	208±11**

注：$N=3$；*、**分别表示与对照组相比有显著性差异（$p<0.05$、$p<0.01$）。
① nd 表示未检测到 PFOS。

④ 仔鼠血清和海马组织中 PFOS 的蓄积浓度　仔鼠血清和海马组织中 PFOS 的变化趋势表明 PFOS 通过胎盘和乳汁转移到仔鼠体内（表 4.6）。仔鼠血清中 PFOS 浓度在出生后低浓度和高浓度 PFOS 的暴露组（CT5，CT15）随时间增加也呈现上升趋势，并呈现出剂量依赖性，在 PND35 的

表 4.5　母鼠海马中 PFOS 的蓄积浓度/(μg/g)

出生后时间	母鼠暴露浓度/(mg/L)		
	0	5	15
PND7	nd①	3.1±0.7	13.5±2.9**
PND35	nd	7.3±0.9*	22.7±4.4**

注：$N=3$；*、**分别表示与对照组相比有显著性差异（$p<0.05$、$p<0.01$）。
① nd 表示未检测到 PFOS。

表 4.6　仔鼠血清中 PFOS 的蓄积浓度/(μg/mL)

出生后时间	组别						
	CC	TT5	TT15	TC5	TC15	CT5	CT15
PND1	nd①	35.7±8.9**	55.9±8.1**	—②	—	—	—
PND7	nd	21.7±1.7**	87.6±9.4**	8.2±0.8*	21.7±1.5**#	6.4±4.2	8.7±1.4*
PND35	nd	37.8±2.9**	121.0±7.1**	1.2±0.2##	2.7±0.5##	18.1±2.8**	61.3±1.1**

注：$N=3$；*、**分别表示与对照组相比有显著性差异（$p<0.05$、$p<0.01$）；##表示同一暴露浓度下，TC 暴露组与 CT 暴露组相比有显著性差异（$p<0.01$）。
① nd 表示未检测到 PFOS。② —表示本组不存在。

CT15 组达到 61.3μg/mL。与之相反，PFOS 浓度在出生前 PFOS 暴露组（TC5，TC15）随时间增加呈现下降趋势，主要是仔鼠的生长发育和 PFOS 的排泄所导致。

海马组织中 PFOS 的蓄积特征与血清不完全一致。仔鼠海马组织中 PFOS 浓度在出生后暴露组（CT5、CT15）随时间增加而增高，而在其他暴露组（TT5、TT15、TC5、TC15 暴露组）随时间增加而下降（表 4.7）。PFOS 浓度在出生前暴露组（TC5 和 TC15 暴露组）下降的原因可能主要是粪便和尿液的排泄，且出生后并未再持续摄入 PFOS。而持续暴露组（TT5，TT15）PFOS 浓度下降，这与之前的研究结果一致，其原因可能与 PND24 以后血脑屏障的完善有关。尽管在持续暴露组，PFOS 浓度呈下降趋势，但在 PND7 和 PND35 仍然高于出生后暴露组，这说明大脑体积的快速增长和 PFOS 在不同脑区的重新分配也是 PFOS 浓度下降的原因之一。而出生后大脑体积的增加对 PFOS 浓度的影响在出生后暴露组并不明显，这也与前期的研究结果一致，这种差异由 PFOS 在体内的转运方式不同所致。出生前 PFOS 由母鼠血液穿过胎盘屏障进入胎儿体内，再经由血液循环穿越血脑屏障进入大脑。出生后则经由乳汁进入胃肠系统转运给仔鼠。因此，出生前后海马组织蓄积 PFOS 的途径不同也是导致 PFOS 的累积趋势不同的原因之一。

表 4.7 仔鼠海马中 PFOS 的蓄积浓度/(μg/g)

出生后时间	组别						
	CC	TT5	TT15	TC5	TC15	CT5	CT15
PND1	nd①	123.3±22.5**	373.4±1.8**	—②	—	—	—
PND7	nd	11.4±1.8**	32.30±1.8**	4.6±0.4**##	10.8±0.5**##	1.0±0.1	3.5±0.5**
PND35	nd	6.7±1.3**	14.66±1.0**	0.3±0.1#	0.3±0.0##	1.9±0.2**	5.7±0.7**

注：$N=3$；*、**分别表示与对照组相比有显著性差异（$p<0.05$、$p<0.01$）；##表示 TC 暴露组与 CT 暴露组相比有显著性差异（$p<0.01$）。

① nd 表示未检测到 PFOS。② —表示本组不存在。

值得注意的是，在 PND1，PFOS 在海马中的浓度高于血清。在 PND7，出生前低浓度和高浓度 PFOS 的暴露组（TC5、TC15 暴露组）仔鼠海马组织中 PFOS 浓度均大于出生后暴露组（CT5、CT15 暴露组）。而体重数据表明，在 PND 1、PND 7、PND 35，出生前 PFOS 暴露组的仔鼠体重均低于出生后暴露组，说明出生前 PFOS 暴露的高风险性。PFOS 已经在脐带血和母乳中检测出。有研究表明，青少年血液和血清中 PFOS 浓度与成年人相当，甚至高于成年人。因此，评价 PFOS 造成的神经发育毒性并探讨其机制是十分必要的。

4.1.2 全氟辛烷磺酸暴露对大鼠自发行为的影响

旷场试验用来反映大鼠的自发性探索活动和焦虑行为。旷场装置由四周不透光的黑色塑料构成（72cm×72cm×36cm）。将 PND90 的大鼠置于旷场试验装置的中央，观察记录大鼠行为及运动轨迹 5min，观察指标包括中央格停留时间、直立次数、修饰次数、排便粒数、尿渍个数等。实验室环境要求安静，每组取 8 只大鼠，每只只进行一次实验，每只动物实验结束后用脱脂棉蘸上酒精仔细擦尽其粪、尿渍以去除气味以免影响下一只动物实验结果。

在旷场试验中，PFOS 处理组与对照组相比大鼠的总运动距离没有显著差异（图 4.3a），中央格停留时间 TT15 组和 CT15 组较对照组明显延长（图 4.3b），图 4.4 是大鼠在旷场试验中的运动轨迹，也可以直观地显示出 TT15 组大鼠的运动路线杂乱，在中间区域活动次数显著增多。同时，TT15 组站立次数显著增多（图 4.3c）而修饰次数显著降低（图 4.3d），并具有统计学意义。

面对新环境，大鼠有趋避空旷环境的习惯，在中央格停留时间延长被认为是焦虑的表现，站立次数是对探索能力的体现。与之前 Johansson 等

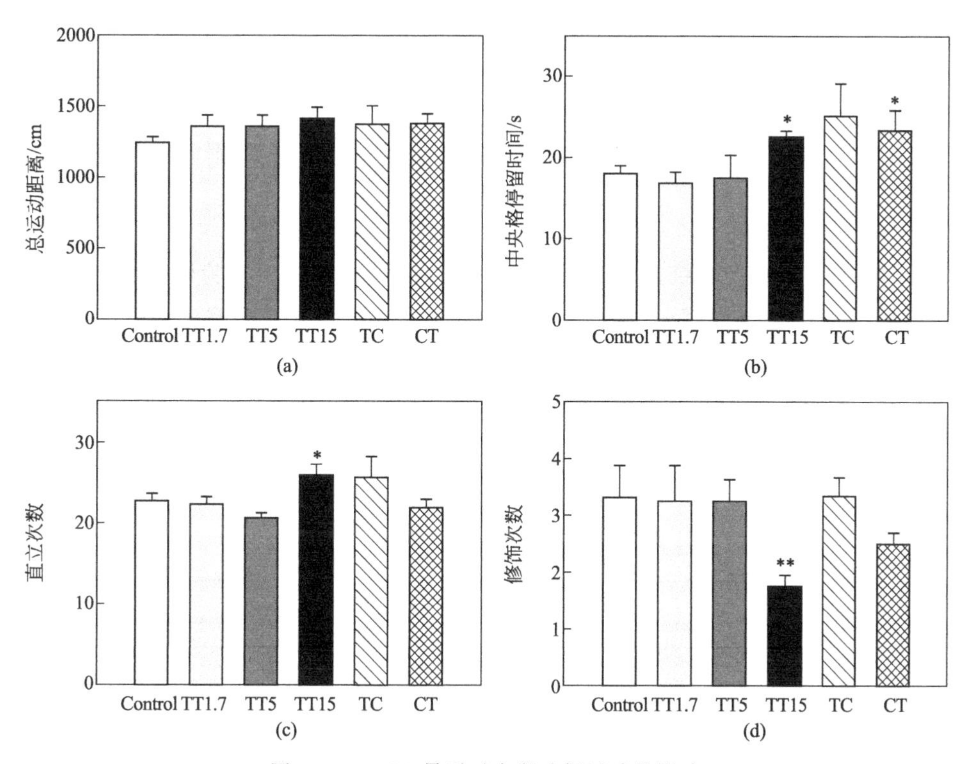

图 4.3 PFOS 暴露对大鼠旷场试验的影响

(a) 总运动距离（cm）；(b) 中央格停留时间（s）；(c) 直立次数；(d) 修饰次数；
*、**分别表示与对照组相比有显著性差异（$p<0.05$，$p<0.01$）

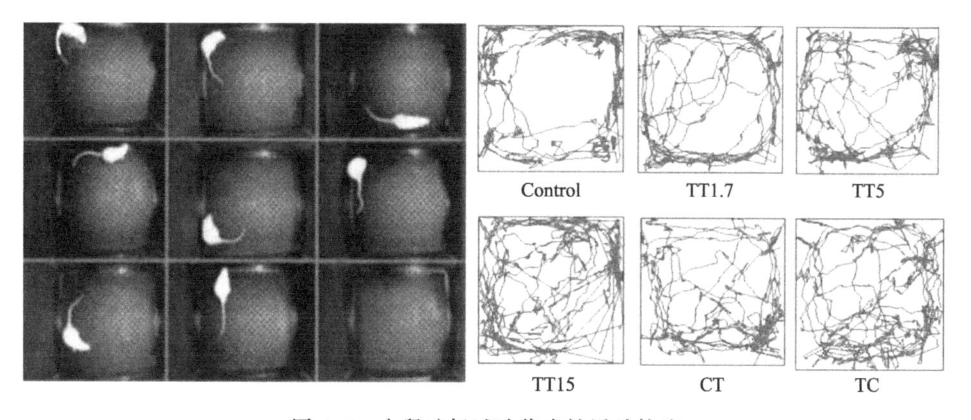

图 4.4 大鼠旷场试验代表性活动轨迹

(2008) 对 PND10 幼鼠单次暴露 1.4μmol/kg 和 21μmol/kg PFOS 的研究结果相似，暴露组中动物表现出过度活跃和缺乏适应性的症状。然而在 Fuentes 等（2007）对成年小鼠连续暴露 4 周的研究结果发现，PFOS 暴露对其在中央格停留时间和站立次数具有轻微的抑制作用，这可能和不同的暴露阶段有关。以上结果提示PFOS暴露组大鼠在新环境中自适应性下降，焦虑程度增强。

4.1.3 全氟辛烷磺酸发育期暴露对大鼠学习记忆能力的影响

（1）抓力测定

抓力反映神经系统损伤对肌力的影响，因此通过抓力实验评价肌力的变化情况。仔鼠出生后第6周（PND 35～42）用大小鼠抓力测定仪进行抓力测定，每组测定5只仔鼠，每只每天测量3次，取平均值进行统计分析。

暴露期间对照组仔鼠单位体重的抓力总体呈现先降低再升高的趋势（表4.8），而暴露组此趋势不明显，各组抓力与对照组相比偶有显著性差异，表现为抓力的增强。出生前暴露组和出生后暴露组差异不显著。

表4.8 PFOS暴露对仔鼠抓力的影响/（g/g）

组别	出生后时间/d							
	35	36	37	38	39	40	41	42
CC	6.1±0.4	6.9±0.7	6.3±0.6	5.3±0.2	4.6±0.3	5.2±0.3	6.3±0.5	5.7±0.4
TT5	5.7±0.4	6.1±0.3	6.1±0.5	5.6±0.7	7.4±0.5**	5.7±0.3	5.0±0.4	5.3±0.3
TT15	4.9±0.3	5.5±0.3*	5.8±0.7	6.5±0.5	5.8±0.4*	5.9±0.3	5.5±0.2	5.1±0.4
TC5	4.6±0.7*	5.6±0.4*	5.5±0.5	5.1±0.3	5.1±0.2	5.6±0.7	5.0±0.7	6.0±0.4
TC15	5.5±0.4	6.0±0.5	6.6±0.4	6.1±0.5	5.8±0.5*	5.5±0.3	5.2±0.2	5.1±0.3
CT5	5.3±0.4	5.6±0.1*	6.7±0.3	6.3±0.6	5.7±0.5	7.3±0.6**	6.7±0.3	6.4±0.4
CT15	5.6±0.4	6.6±0.5	6.6±0.5	6.6±0.2*	6.8±0.2**	6.1±0.3	6.4±0.6	6.2±0.5

注：$N=3$；*、**分别表示与对照组相比有显著性差异（$p<0.05$、$p<0.01$）。

在对照组中，随测试时间的增加，抓力呈现先下降再上升的趋势，原因是随时间增长，仔鼠对测试实验具备了一定的适应性，且对每天的测试有一定记忆能力，精神处于比较放松的状态，因此抓力呈现下降趋势，后三天抓力再次上升可能是因为体重的增加而导致肌力的增强；暴露组仔鼠抓力在PND35～36偶见显著性降低，而在PND39～40可见显著性升高，这可能与PFOS造成仔鼠精神焦虑有关。Wang等（2011）对20mg/（kg・d）PFOS暴露14天的BALB/c小鼠观察发现，小鼠出现焦虑的状态，活动频繁。这可能是本实验中暴露组仔鼠抓力短暂上升的原因。实验结果表明，PFOS暴露并未对仔鼠肌力造成损伤。

（2）Morris水迷宫实验

Morris水迷宫分析系统由水池（直径150cm，水深22cm）、逃避平台

(直径 9cm，高 21cm)、摄像头和电脑组成。水温保持在 (24±2)℃，平台位于目标象限的中央，水面下 1cm。水迷宫实验包括三部分实验：可视平台实验，定位航行实验和空间探索实验。

① 可视平台实验　平台露出水面，以使仔鼠能够清楚地看见平台。仔鼠放入泳池后，自由录像记录其到达平台的游泳速度和时间。如仔鼠毫无困难地直接游向平台，说明动物的游泳能力和视力均正常，可以开始实验，否则剔除该鼠。

可视平台实验结果显示：各暴露组仔鼠到达可视平台的游泳速度和游泳时间与对照组相比均未出现显著性差异 (图 4.5)，说明 PFOS 暴露未对大鼠的视力和运动功能造成影响。

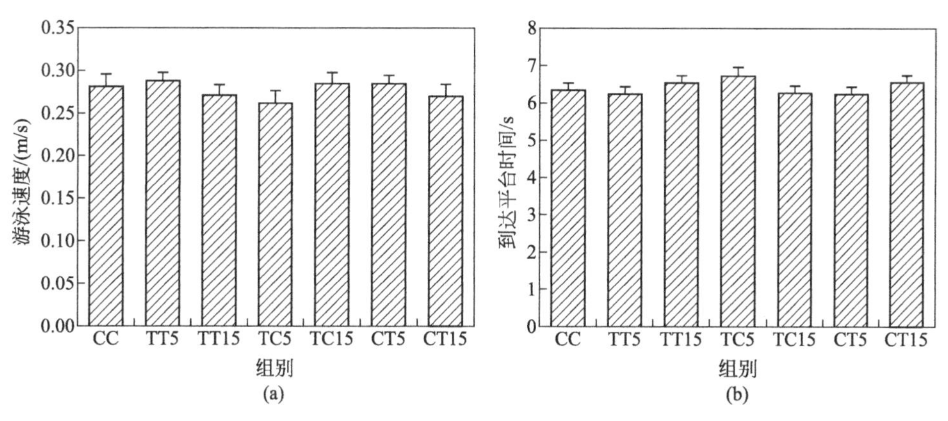

图 4.5　PFOS 暴露对仔鼠视力和运动能力的影响

(a) 可视平台实验中仔鼠的游泳速度；(b) 可视平台实验中仔鼠到达平台的时间

② 定位航行实验　在 PND35～41 对仔鼠进行定位航行实验，考查其学习能力。实验共历时 7 天，每天每只仔鼠于固定时间段训练 4 次。训练开始时，将平台置于第Ⅳ象限 (目标象限)，随机从池壁四个起始点的任一点将大鼠面向池壁放入水池。自由录像记录系统记录大鼠找到平台的时间和游泳路径，4 次训练即将大鼠随机分别从四个不同的起始点 (不同象限) 放入水中。若仔鼠在 120s 内找不到平台，则由实验者将其引导到平台，在平台上休息 10s，放回笼内，15～20min 后再进行下一次试验。每日以大鼠四次训练潜伏期的平均值作为大鼠当日的学习成绩。

定位航行实验主要反映仔鼠的学习能力。定位航行实验结果显示暴露组仔鼠的逃避潜伏期几乎都长于对照组，逃避潜伏期最长的是 TC15 暴露组 (图 4.6)。TC15 暴露组的逃避潜伏期从 PND37 到 PND41 都显著高于对照组。此外，TC5 暴露组的逃避潜伏期从 PND38 到 PND39 都显著高于对照

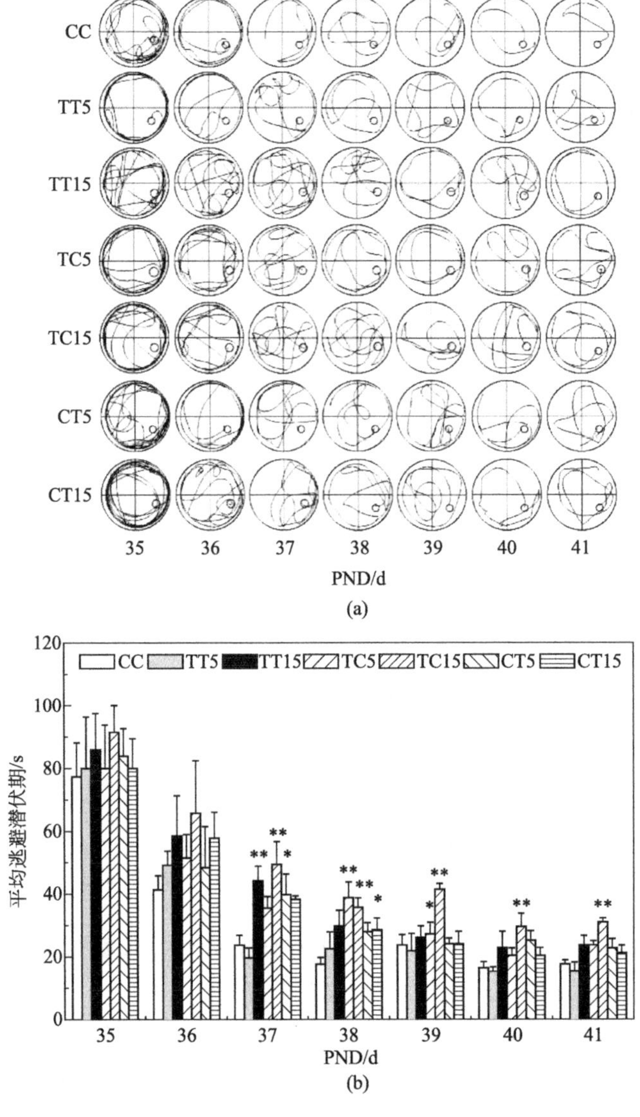

图 4.6 PFOS暴露对仔鼠水迷宫实验逃避潜伏期的影响

(a) 仔鼠寻找隐藏平台的游泳轨迹图；(b) 平均逃避潜伏期；
*、**分别表示与对照组相比有显著性差异（$p<0.05$、$p<0.01$）；CC组 $n=8$，
TT15暴露组 $n=6$，TT15、TC5、CT15、TC15暴露组 $n=10$，CT5暴露组 $n=9$

组。在出生前后持续高剂量暴露组（TT15），逃避潜伏期在PND37显著高于对照组，而TT5暴露组未见显著性差异。在出生后暴露组，CT5和CT15暴露组，逃避潜伏期有轻微升高，未见显著性差异。

逃避潜伏距离与逃避潜伏期结果类似（图4.7）。定位航行实验结果显示

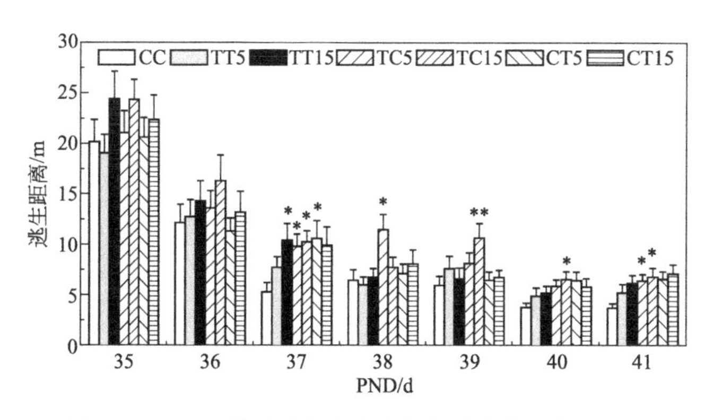

图 4.7 PFOS 暴露对仔鼠水迷宫实验游泳距离的影响

*、**分别表示与对照组相比有显著性差异（$p<0.05$、$p<0.01$）；CC 组 $n=8$，TT15 暴露组 $n=6$，TT15、TC5、CT15、TC15 暴露组 $n=10$，CT5 暴露组 $n=9$

暴露组仔鼠的潜伏距离几乎都长于对照组。在出生前暴露组，TC15 暴露组的逃避潜伏期从 PND37 到 PND41 都显著高于对照组。此外，TC5 暴露组的逃避潜伏距离从 PND37 到 PND38 都显著高于对照组。在持续暴露组，TT15 暴露组逃避潜伏距离在 PND37 显著高于对照组，而 TT5 暴露组未见显著性差异。在出生后暴露组（CT5 和 CT15），逃避潜伏距离有升高趋势，但未见显著性差异。定位航行实验的结果提示，PFOS 暴露能够导致大鼠空间学习记忆能力的损伤。其中出生前暴露导致大鼠空间学习记忆能力显著下降，但出生后暴露并未造成仔鼠空间学习记忆能力出现显著性差异，提示出生前 PFOS 暴露对发育神经系统的毒性效应更强。

③ 空间探索实验 PND42 进行空间探索实验，考察其对原平台的记忆能力。定位航行试验结束 24h 后，撤除平台。然后任选一相同入水点将仔鼠放入水中，记录在 120s 内仔鼠在四个象限中花费的时间和穿越目标象限的次数。

空间探索实验主要反映仔鼠对原平台的记忆能力。结果显示：暴露组仔鼠在目标象限的停留时间均短于对照组，且 TT15 暴露组出现显著性差异（图 4.8）。同时，TT15 暴露组的平台穿越次数也显著性低于对照组（图 4.9）。在出生前或出生后单独暴露组未见显著性差异。实验结果说明，出生前后 PFOS 暴露能够造成仔鼠记忆能力的下降。

PFOS 造成仔鼠发育迟缓和学习记忆能力的下降，表现为逃避潜伏期的增长和空间探索能力的下降。在母鼠相同 PFOS 暴露浓度下，出生前暴露组仔鼠体重低于出生后暴露组仔鼠体重水平，且出生前暴露于 PFOS 的仔鼠逃避潜伏期长于出生后暴露组仔鼠。虽然 TC15 暴露组仔鼠海马中 PFOS 浓度

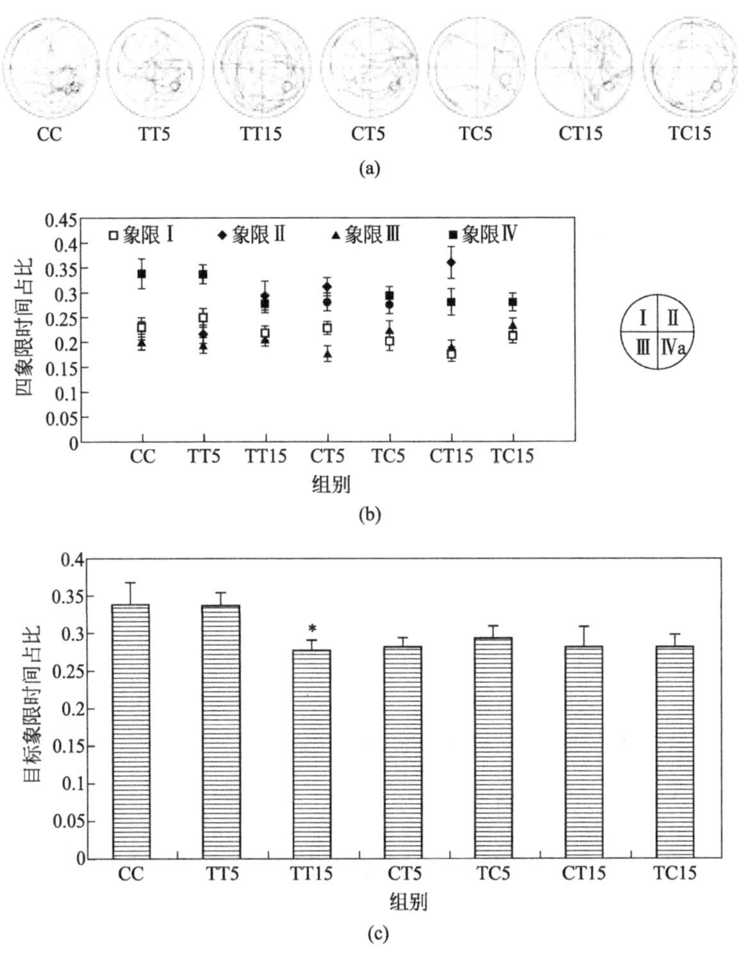

图 4.8　PFOS 暴露后仔鼠在不同象限游泳时间的比例

(a) 游泳轨迹图；(b) 仔鼠在 4 个象限游泳时间的比例；(c) 仔鼠在目标象限游泳的比例；
* 表示与对照组相比有显著性差异（$p<0.05$）；CC 组 $n=8$，TT15 暴露组 $n=6$，
TT15、TC5、CT15、TC15 暴露组 $n=10$，CT5 暴露组 $n=9$

低于持续暴露组（TT15）和出生后暴露组（CT15），但是逃避潜伏期和潜伏距离从 PND36 至 PND41 仍然长于对照组。这表明出生前暴露 PFOS 造成的神经行为毒性更为严重。结果提示 PFOS 暴露后仔鼠的学习记忆能力受到损伤，且胚胎期暴露造成的损伤程度更为严重。PFOS 造成仔鼠的发育延迟以及学习记忆能力下降的关键作用时期可能是胚胎期。

前期的研究表明，不同生长发育阶段暴露 PFOS 后，可以造成不同类型的行为学损伤，损伤的程度也不同，且阳性和阴性结果均有报道。Fuentes 等（2007）研究发现，3 月龄的小鼠灌胃摄取 3mg/(kg・d) PFOS 连续 4 周

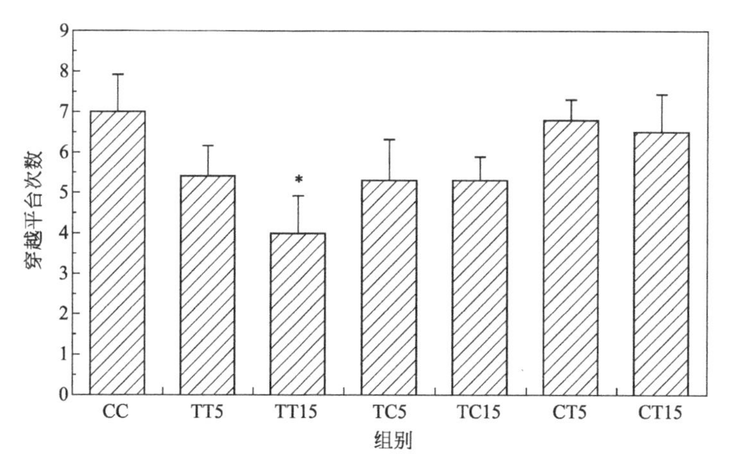

图 4.9 PFOS 暴露后仔鼠在水迷宫实验中的穿越平台次数

* 表示与对照组相比有显著性差异（$p<0.05$）

后，其空间记忆能力受到轻微损伤。Johansson 等（2008）研究显示，母鼠在 PND10 暴露 1.4μmol/kg 和 21μmol/kg PFOS 后，能够造成仔鼠自发行为和适应性的改变。与这些研究相反的是，大鼠仔鼠从 GD0 至 PND20 暴露 1.0mg/(kg·d) PFOS 后并未造成显著的学习记忆能力的变化（Butenhoff et al.，2009）。本实验研究结果表明，前期研究结果的差异可能与 PFOS 的暴露时期有关。发育过程中神经系统生理活动复杂，与成熟期的神经系统不同，大脑发育过程中存在血脑屏障的完善和大脑的 BGS 等关键发育时期。胎儿和新生儿暴露 PFOS 会造成中枢神经系统的损伤，其中“暴露窗口”可能是关键因素之一。

PFOS 与其他污染物的联合毒性研究对于揭示 PFOS 的发育神经毒性机理提供了有利线索。持久性有机卤代污染物中另一类备受关注的多溴联苯醚类物质（PBDEs），与 PFOS 显示出相似的神经毒性效应和机制。大鼠在 PND10 暴露六溴联苯醚（BDE-153），以及在 GD6～PND21 暴露五溴二苯醚（BDE-99）后均能够造成仔鼠空间学习和记忆能力的降低（Zhang et al.，2013），小鼠在 PND10 暴露十溴联苯醚（BDE-209）后其成年后学习记忆能力也受到损伤，这与本研究中出生前暴露 PFOS 能够导致仔鼠成年后（PND35）学习记忆能力下降的结果一致（Reverte et al.，2013）。针对 PFOS 和四溴联苯醚（BDE-47）的联合神经发育毒性研究表明，在 GD1～PND14，两者联合暴露能够影响大鼠仔鼠血清中的 T4 水平，且两者可能在某些影响机制上存在交叉点，同时，有关研究结果表明，PFOS 和 PBDEs 造成的学习记忆能力的下降伴随着海马细胞的死亡。这提示 PFOS 的神经行为毒性机理可能与 PBDEs 存在共同点。但是，PBDEs 与 PFOS 对甲状腺激素调控的脑源性神经生长因子基因的干扰存在显著差异，两者的毒性效应及致毒机制仍需要进一步探讨。因此，在后续的研究中，旨在从细胞、蛋白质和基因水平，进一步探讨 PFOS 的发育神经毒性效应机理。

(3) 海马病理组织改变

分别于 PND1、PND7 和 PND35 随机取各组仔鼠，乙醚麻醉致死，冰上取脑，分离海马。4% 的多聚甲醛固定 24h 后，梯度酒精（70%、80%、95%、100%）脱水，二甲苯透明，石蜡包埋，切片，苏木素和伊红染色，显微镜观察病理学组织改变，拍照。

病理切片结果显示：对照组海马组织致密，锥体细胞排列整齐，形态完整，胞核饱满，而出生前后持续暴露组均出现不同程度的损伤。PND1 暴露组海马细胞减少，组织空化（图 4.10）。PND7 和 PND35 暴露组海马出现类似损伤特征，细胞稀疏，排列紊乱，高剂量持续暴露组可见细胞形态改变和胞体皱缩（图 4.11、图 4.12）。出生前或出生后单独暴露组未见显著改变。推测 PFOS 能够造成海马组织中细胞的凋亡，导致细胞数量减少，脑组织萎缩，从而进一步影响神经系统发育和长时程增强效应，造成学习记忆能力的缺陷。

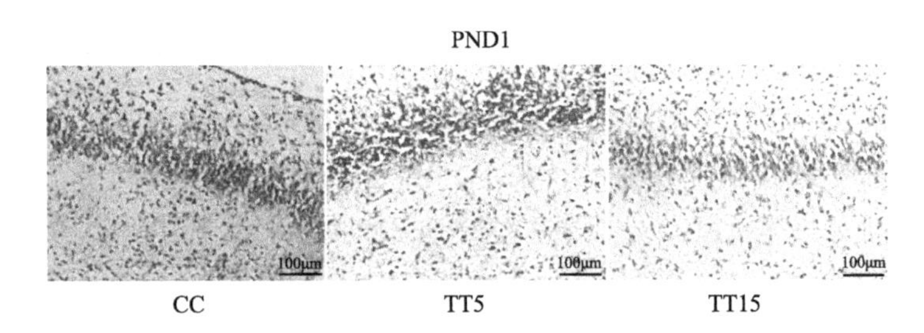

图 4.10　PFOS 对仔鼠海马组织结构的影响（PND1，×200）

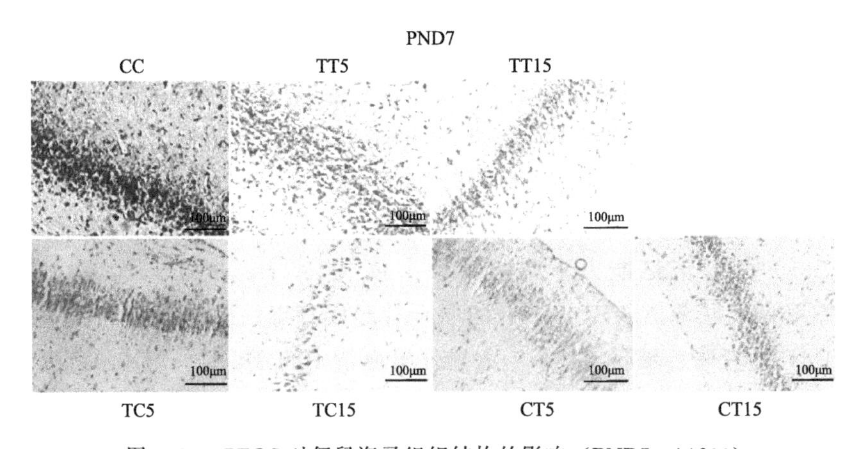

图 4.11　PFOS 对仔鼠海马组织结构的影响（PND7，×200）

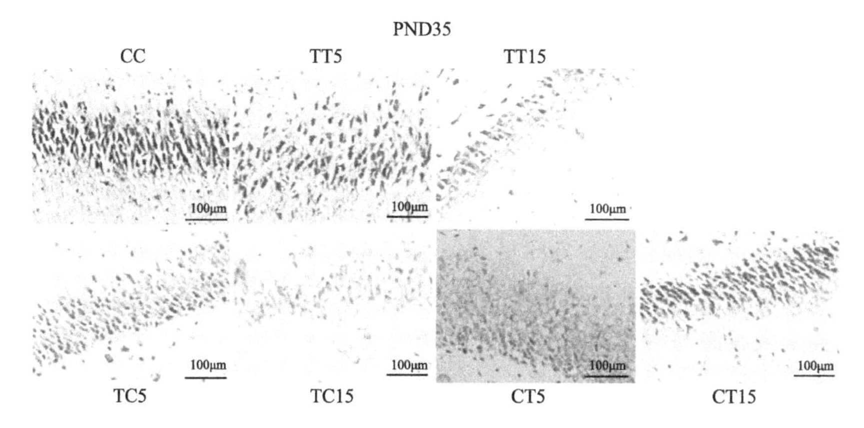

图 4.12 PFOS 对仔鼠海马组织结构的影响（PND35，×200）

通过考察了出生前后 PFOS 暴露对大鼠学习记忆能力的影响，得到如下结论：

① 出生前后 PFOS 暴露能够造成仔鼠生长发育迟缓，表现为体重增长缓慢和睁眼期的延迟；

② 出生前后 PFOS 持续暴露能够造成海马组织的病理性损伤，表现为细胞数目减少，组织稀疏，但出生前或出生后单独暴露组未见显著海马组织病理损伤；

③ 出生前后 PFOS 暴露能够造成仔鼠空间学习记忆能力的下降，表现为逃避潜伏期和逃避潜伏距离的延长，以及空间探索能力的下降；

④ 尽管出生前暴露组仔鼠海马组织中 PFOS 浓度在 PND35 远低于出生后暴露组，但胚胎期暴露于 PFOS 的仔鼠逃避潜伏期长于出生后暴露的仔鼠，揭示 PFOS 发育神经毒性的关键作用时期为胚胎期。

以上结论可为 PFOS 的发育神经毒性提供了行为学证据，证实 PFOS 是一种发育神经毒物，提示有必要进一步研究其神经行为毒性机理。

4.2 全氟辛烷磺酸发育期暴露对大鼠 LTP 的影响

4.2.1 电生理实验

（1）实验动物

同 4.1.1 节。取 PND 90 仔鼠用于电生理实验。

（2）大鼠的固定和电极的定位

大鼠腹腔注射乌拉坦（1.5g/kg）麻醉，用耳杆将头部水平固定于脑立体定位仪上。暴露头骨，使前囟和后囟保持在同一个水平面上，以前囟和矢状缝为基准定位刺激电极、记录电极位置钻孔备用。刺激电极定位参数为前囟后 4.2mm，中线旁开 3.8mm；记录电极定位参数为前囟后 3.8mm，中线旁开 2.9mm。电极位置示意图见图 4.13，前囟、记录电极和刺激电极三点几乎在一条直线上。利用微推进装置将刺激电极和记录电极按预定坐标垂直同步插入大鼠海马谢弗侧支和 CA1 区放射层。

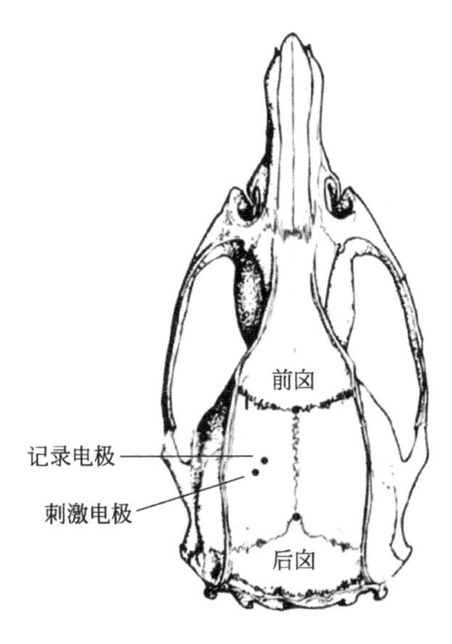

图 4.13　电极位置示意

（3）场电位记录

海马区有明确的层次结构，电极通过各层时的反应不同，因而可以根据记录到的波形特征变化而判断电极位置。缓慢地调节刺激电极和记录电极的下插深度，一般可先将电极粗略插入到硬脑膜下 1.5mm 左右，然后以 10～20μm 步幅再继续向下推进，每 10 s 给予一个频率为 0.033Hz 的测试刺激电流。直至出现最佳的场兴奋性突触后电位（fEPSP），然后固定电极位置，减弱刺激强度和频率观察直至基线保持稳定。调节刺激电流强度选取引起 fEPSP 最大反应 1/3～1/2 的刺激强度作为记录基础 fEPSP 的刺激强度，每 30 s 给一个频率为 0.033Hz 的刺激电流，记录 30min。

（4）I/O 曲线和 PPF 的测定

为了研究突触传递效能，检测了输入/输出（input/output，I/O）曲线。在高频刺激（high frequency stimulus，HFS）诱导 LTP 前，调节刺激电流强度（0.1～1.0mA），以0.1mA为间隔逐级增强与fEPSP幅值的变化绘I/O曲线，取同一电流强度三次刺激的平均值。

双脉冲易化现象（paired-pulse facilitation，PPF）是一种短时程突触可塑性，由不同刺激间隔的双脉冲激发，刺激间隔时间（inter-stimulus intervals，ISI）分别是10ms、20ms、40ms、60ms、80ms、100ms、120ms、140ms、160ms、180ms、200ms、250ms、300ms、350ms和400ms。每个刺激间隔连续测3次取平均值。

（5）LTP诱发

诱发LTP的HFS含3个串刺激，每串刺激包括20个脉冲，频率200Hz，串间隔30s。以HFS前后fEPSP的变化幅度是否大于150%来确定LTP是否诱导成功。HFS诱导后，以每30s频率为0.033Hz的刺激电流记录fEPSP 60min。

（6）观测指标和测量方法

以fEPSP幅度相对值（%）为观测指标，并观察其增幅情况，计算方法见图4.14。具体测量方法是，以HFS诱导前30min的fEPSP幅值的均数为基础值，HFS诱导后每个fEPSP幅值与基础值相比即得各点fEPSP幅度相对值，以连续5个fEPSP的幅度相对值的均值和记录时间作图并进行数据分析。PPF以fEPSP2/fEPSP1幅值的比值作为指标进行分析。

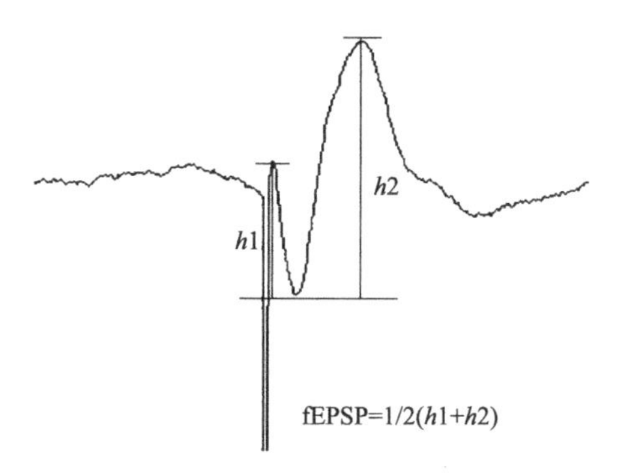

图4.14　场电位代表波形及fEPSP计算示意图

4.2.2　全氟辛烷磺酸发育期暴露对LTP的影响

不同浓度PFOS发育期暴露对大鼠海马CA1区基础fEPSP没有显著影响，对LTP的诱导和维持具有显著的抑制作用，并存在剂量效应关系（图4.15）。图4.16对不同时间点fEPSP幅值进行统计，HFS刺激后fEPSP幅值即刻增大至基线的1.8～2.4倍，其中15mg/L PFOS暴露组在高频刺激后

1min 时 fEPSP 幅值为 1.869±0.021，较对照组 fEPSP 幅值（2.446±0.077）显著性降低。在 LTP 诱导后 60min，对照组 fEPSP 幅值仍维持在基线的 169%以上，而 1.7mg/L、5mg/L 和 15mg/L PFOS 暴露组分别为 1.546±0.136、1.352±0.169 和 1.234±0.246，其中 5mg/L 和 15mg/L PFOS 暴露组与对照组相比 fEPSP 幅值显著降低，对 LTP 有显著的抑制现象。

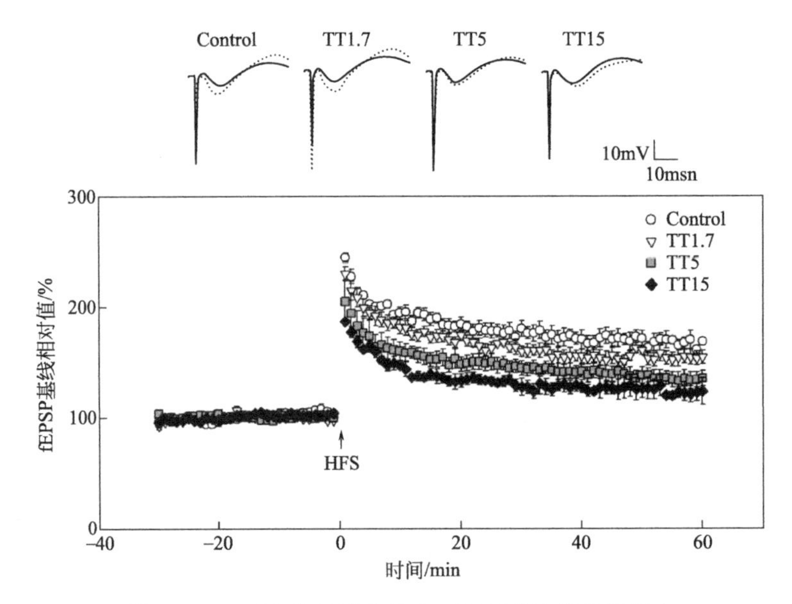

图 4.15　PFOS 发育期暴露对 LTP 诱发和维持的影响

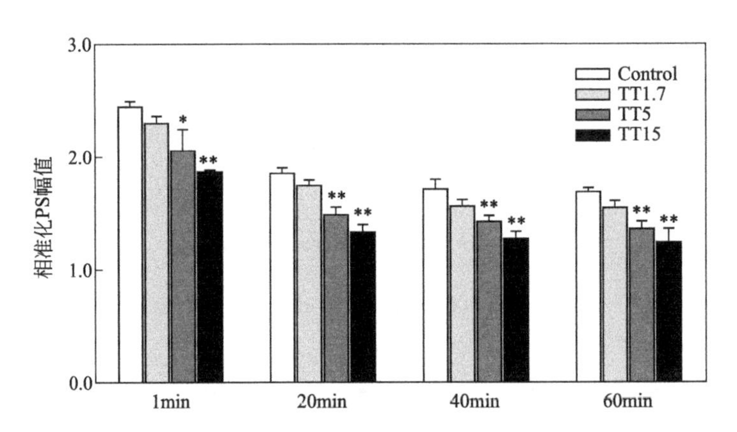

图 4.16　PFOS 发育期暴露对 HFS 后不同时间点对 fEPSP 的影响

*、**分别代表与对照组相比具有显著性差异（$p<0.05$、$p<0.01$）

PFOS 是一种发育神经毒物，会对神经系统发育过程造成明显的损害作用，已有多项研究表明其与学习记忆能力损伤之间的关联。LTP 作为研究学习和记忆机制的实验模型，研究 PFOS 对海马 LTP 的影响对于揭示其中的潜在机制有着重要意义。本研究利用整体动物实验，模拟实际暴露情况，揭示 PFOS 影响学习记忆能力的发育神经毒性机制。与之前利用基因芯片技术得到的结果相一致，PFOS 影响与 LTP 相关的生物学过程。mRNA 差异表达结果显示 LTP 早期形成过程中的关键蛋白（CaMK Ⅱ、MEK1/2 及 NMDAR1）表达显著上调，抑制 LTP 电流的 *pp1* 基因表达也显著上调，提示 PFOS 可能对突触传递的长时程增强过程过度诱导而产生抑制作用。miRNA 表达谱研究得到的调控突触长时可塑性相关蛋白的基因转录或翻译过程的 miRNA 表达倍数显著降低，与钙稳态、神经递质释放等生物过程相关。本研究结果显示 PFOS 发育期暴露会显著抑制大鼠 CA1 区 LTP 的诱导和维持，且具有剂量效应关系。共同提示 PFOS 可能通过干扰电压依赖性钙离子通道及改变突触过程的关键蛋白而对发育神经系统中的突触传递及形成过程产生毒性作用，进而干扰神经系统的突触可塑性，损害学习和记忆功能等。

4.2.3 全氟辛烷磺酸发育期暴露对 I/O 和 PPF 的影响

对大鼠海马 CA1 区的 I/O 曲线和 PPF 进行检测，发育期 PFOS 暴露对 I/O 和 PPF 均表现出抑制现象，对突触造成损伤（图 4.17）。刺激强度在 0.3～0.5mA PFOS 处理组 fEPSP 幅值比对照组显著降低，在其他电流强度下没有显著影响。I/O 曲线是对基础突触传递的能力的反映，提示 PFOS 发育期暴露会降低基础突触的传递能力和突触可塑性。PPF 是一种短时程突触可塑性，用来解释突触前细胞钙残留现象（Zucker，1989）。实验结果显示，PPF 实验显示在 ISI 为 60 ms 处出现平均最大易化峰值，其中 TT15 组的

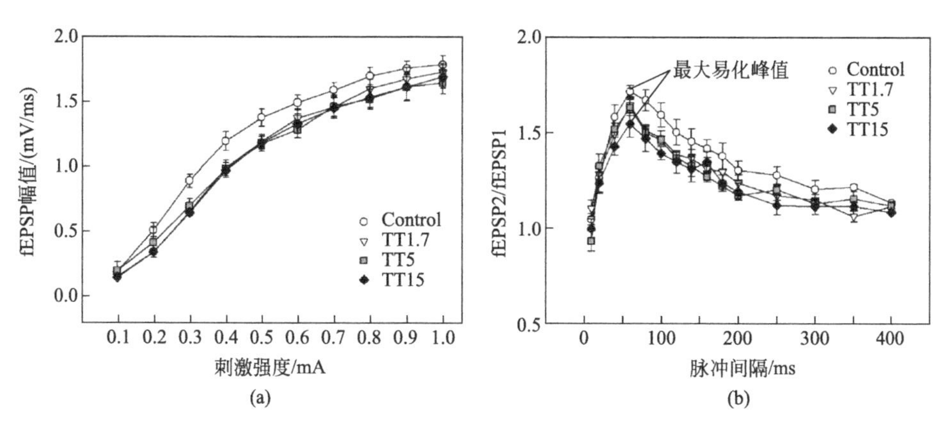

图 4.17 PFOS 发育期暴露对大鼠海马 CA1 区 I/O 曲线和 PPF 的影响

(a) I/O 曲线；(b) PPF

PPF 显著低于对照组，提示 PFOS 可能会影响突触前细胞内钙离子水平。第一次刺激后突触前细胞内钙离子残留较多，没有足够的突触囊泡可供第二次刺激时递质释放，从而造成 PPF 受到抑制。另外，有研究表明 PFOS 暴露会导致树突上突触后致密蛋白 PSD95 的含量显著降低，说明 PFOS 暴露还会对突触后细胞产生影响，提示 PFOS 可能同时影响突触前细胞和突触后细胞的突触传递效率和突触可塑性。

4.3 全氟辛烷磺酸发育期暴露对 AMPA 分布的影响

4.3.1 全氟辛烷磺酸发育期暴露对 AMPA 受体亚基蛋白表达的影响

各组仔鼠在 PND 90 经乙醚麻醉后，进行电生理实验，实验结束后，在冰上快速取出脑组织，剥离海马组织，PBS 缓冲液清洗后，立即放入液氮中冻存，用于后续免疫印迹（Western blot）和实时 PCR（Real-time PCR）检测。

（1）AMPA 受体亚基蛋白含量的测定

① 膜蛋白的提取　取电生理检测之后的海马组织 20～40mg 于 5mL EP 管内，加入 200μL 含蛋白酶抑制剂和磷酸酶抑制剂的细胞清洗液，轻轻混旋，弃去液体。将清洗后的组织加入 1mL 透化缓冲液匀浆，再加入 1mL 透化液 4℃孵育 10min。16000g，4℃离心 15min 沉积透化后的细胞，弃掉含有胞浆蛋白的上清液。将沉积物重悬于 1mL 的增溶缓冲液中，吸打混匀，在 4℃孵育 30min。16000g，4℃离心 15min。将含有可溶性膜蛋白以及膜相关蛋白的上清液转移到一个新的管子中，在－80℃条件储存备用。

② 总蛋白的提取　取电生理检测之后的海马组织，使用总蛋白提取试剂盒，按比例加入组织裂解液、蛋白酶抑制剂及磷酸酶抑制剂，匀浆后在冰上孵育 20min，4℃，10000*g* 离心 15min，收集上清液。使用 BCA 试剂盒进行蛋白质浓度的测定，调整蛋白质样品浓度，加入同体积 2× 上样缓冲液混匀，水浴煮沸 5min，样品制备完成，放入－20℃保存待用。

③ 蛋白质浓度测定　使用 BCA 蛋白质定量法测定膜蛋白及总蛋白的浓度。稀释 BSA 标准品，用与待测蛋白样品相一致的稀释液按比例稀释 BSA

标准品，使得其终浓度为 0μg/μL、0.0625μg/μL、0.125μg/μL、0.25μg/μL、0.5μg/μL、1μg/μL、2μg/μL。配制 BCA 工作液，根据 BCA 工作液需要总量，将试剂 BCA-A 和 BCA-B 按照 50∶1 的体积比，配制 BCA 工作液，充分混匀。将稀释好的不同浓度的 BSA 标准品和待测蛋白样品各 25μL 加到 96 孔板微孔中，每个样本做 2～3 个平行反应。每孔加入 200μL BCA 工作液，充分混匀，盖上 96 孔板盖，37℃孵育 30min，冷却至室温，用酶标仪在 540～590nm 范围内，测定每个样品及 BSA 标准品的吸光值。绘制标准曲线（图 4.18），计算样品中的蛋白质浓度。

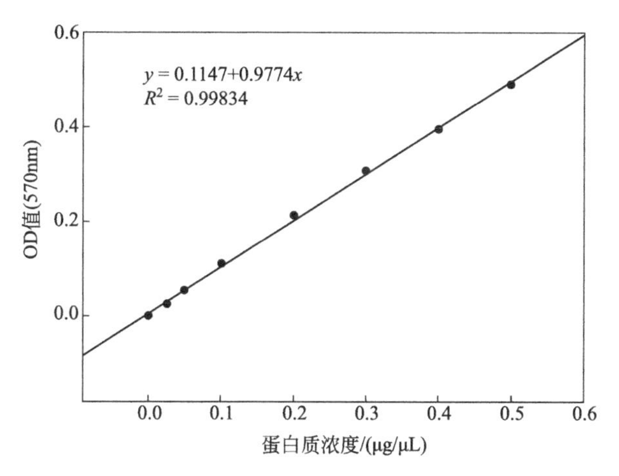

图 4.18　BCA 蛋白质定量分析标准曲线

④ Western blot 检测 AMPA 受体蛋白的分布水平　十二烷基硫酸钠聚丙烯酰胺（SDS-PAGE）电泳。将制胶器固定后，加入配制好的 10%的分离胶，当到达预定高度加双蒸水液封，大约 20min 分离胶凝固后，将水倒掉滤纸吸干，然后向上层再加入配制好的 5%的浓缩胶并插入梳齿，放置凝固。根据蛋白质浓度确定上样体积，每孔上样 50μg，浓缩胶恒压 90V，约 20min，分离胶恒压 160V，直至 marker 跑到胶底停止电泳。

转膜。将跑完后的胶取下，按照三层滤纸、胶、PVDF 膜、三层滤纸的顺序依次铺平，300mA 电流作用 100min 转移蛋白质至 0.45μm 的 PVDF 膜上。

封闭。将膜置于由 PBST 配制的 5%脱脂牛奶中 37℃摇床封闭 1h。

抗体孵育。用封闭液加入按照说明书推荐浓度稀释的一抗，置于自封袋中 4℃孵育过夜。PBST 摇床漂洗 15min×4 次。抗体稀释液稀释二抗，37℃孵育 2h，PBST 摇床漂洗 15min×4 次。

显影。ECL 发光液加到膜上后反应 3～5min，曝光后胶片置于显影机中进行显影。

灰度值测定。将胶片进行扫描或拍照，用凝胶图像处理系统分析目标带的分子量和净光密度值，并统计分析结果，对PFOS发育期暴露后大鼠海马总蛋白和膜蛋白中AMPA受体亚基GluR1、GluR2蛋白及基因表达水平进行检测。

（2）PFOS发育期暴露对大鼠海马总蛋白和膜蛋白AMPA受体亚基蛋白表达的影响

实验结果如图4.19所示，PFOS发育期暴露对总蛋白中AMPA受体亚基GluR1、GluR2的表达有促进作用，GluR1和GluR2的表达水平随PFOS暴露浓度升高而升高，在TT5组表达水平极显著高于对照组，TT15组呈回落趋势，说明PFOS发育期暴露可能会影响AMPA受体蛋白的合成或影响AMPA受体内化后进入再循环的过程以及被溶酶体降解的过程。而在膜蛋白中GluR1和GluR2的表达水平在各暴露组均表现出显著抑制作用。

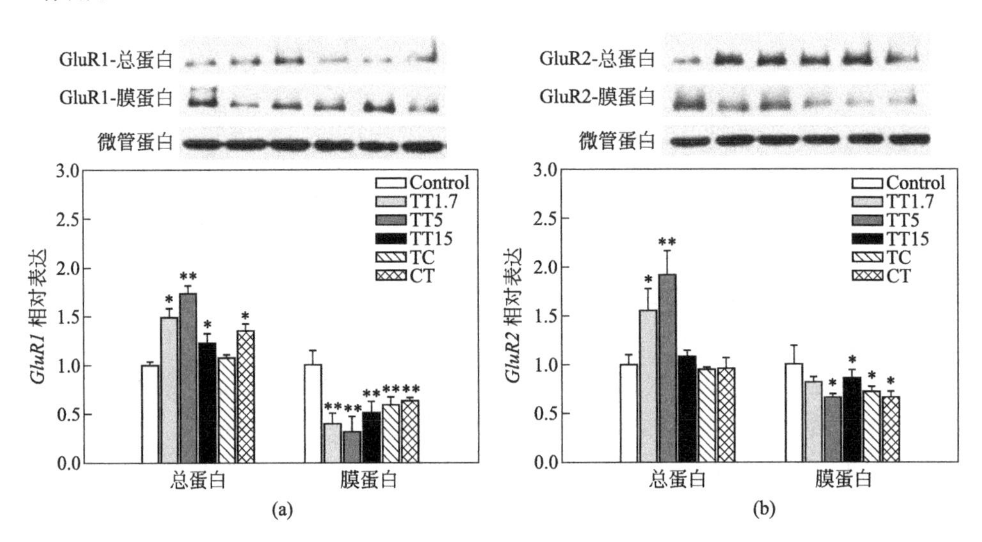

图4.19　PFOS发育期暴露对大鼠海马总蛋白和膜蛋白AMPA受体亚基蛋白表达的影响

*、**分别代表与对照组相比具有显著性差异（$p<0.05$、$p<0.01$）

4.3.2　全氟辛烷磺酸发育期暴露对AMPA受体相关基因的影响

（1）荧光定量PCR检测海马中AMPA受体表达

取电生理实验后冻存的海马组织，每个处理组取3只来自不同窝的仔鼠的海马组织，按照 3.1.3 RNA 提取方法提取总 RNA，检测合格后进行 cDNA 合成。

根据 NCBI genbank 数据库中的基因序列，用 primer premier 5.0 软件设计 *gadph*、*GluR1* 和 *GluR2* 引物序列，并在 NCBI 网站进行 blast 比对检查引物的特异性，由上海生工生物工程股份有限公司合成。引物名称、序列及扩增产物长度见表 4.9。

表 4.9　引物序列

目标基因	5′→3′引物序列	产物长度/bp
gadph	F：ACAAGATGGTGAAGGTCGGTG	159
	R：GTGGGTAGAGTCATACTGGAAC	
GluR1	F：GAATCAGAACGCCTCAACGC	135
	R：ATTGGCTCCGCTCTCCTTG	
GluR2	F：TGGGATTCACTGATGGGGAC	92
	R：CACCAGGGAATCGTCGTAGT	

通过普通 PCR 反应验证引物的特异性和有效性，用 2%琼脂糖凝胶电泳检测，每对引物扩增的产物为单一清晰条带。之后用荧光定量 PCR 使用系列梯度稀释样品构建标准曲线进一步检测引物的扩增效率。同时对内参基因和目标基因的熔解曲线进行分析，以确保引物的特异性，保证定量结果的准确性。荧光定量 PCR 内参基因 *gadph* 和 AMPA 受体亚基 *GluR1*、*GluR2* 的熔解曲线均为单峰，证明引物特异性好，没有非特异性扩增干扰，结果准确可靠。

（2）PFOS 发育期暴露对大鼠海马中 *GluR1* 和 *GluR2* mRNA 表达的影响

同时通过荧光定量 PCR 的方法对 PFOS 发育期暴露后对 AMPA 受体亚基 *GluR1* 和 *GluR2* mRNA 表达水平进行检测，与对照组相比 PFOS 发育期暴露显著抑制 *GluR1* 和 *GluR2* 的表达，并存在剂量效应关系（图 4.20），这与 GluR1 和 GluR2 在膜蛋白中的变化趋势相似。

PFOS 发育期暴露抑制 AMPA 受体 *GluR1* 和 *GluR2* mRNA 的表达，与膜上 GluR1 和 GluR2 亚基蛋白表达的变化趋势相一致，影响在细胞膜上发挥作用的 AMPA 受体的数量减少，引起 AMPA 受体内化，从而影响突触可塑性。LTP 诱导后 GluRl 亚基在突触后膜上特异聚集，敲除 GluRl 亚基的小鼠海马 CA1 区 LTP 不能成功被诱导，空间记忆受损（Yang et al.，2015）。PFOS 发育期暴露引起 GluR1 表达显著下调，对 LTP 的诱导产生

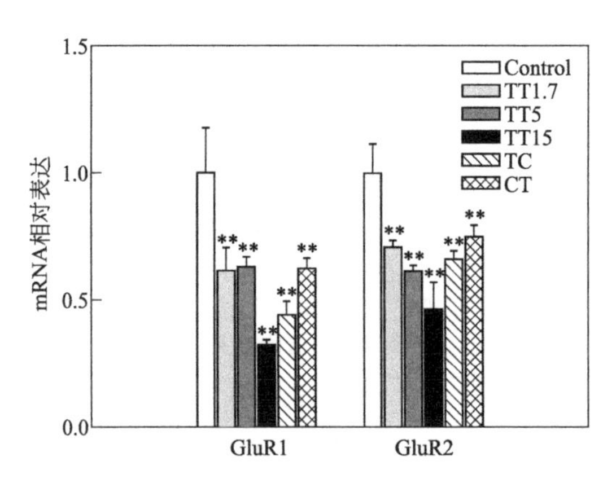

图 4.20 PFOS 发育期暴露对大鼠海马中 GluR1 和 GluR2 mRNA 表达的影响
*、**分别代表与对照组相比具有显著性差异（$p<0.05$、$p<0.01$）

抑制作用，这和之前 PFOS 影响 LTP 的结果是相一致的。生理状况下，在哺乳动物脑内 AMPA 受体以 GluR1/GluR2 和 GluR2/GluR3 四聚体形式存在，在成年动物脑内则主要以 GluR1/GluR2 表达为主。富含 GluR2 亚基的 AMPA 受体，限制对 Ca^{2+} 的通透性（Wenthold et al.，1996）。PFOS 发育期暴露导致细胞膜上 GluR2 亚基的表达量下调，使得 AMPA 受体对 Ca^{2+} 的通透性增强，这可能是 PFOS 发育期暴露引起细胞内钙离子浓度升高造成神经元损伤的机制之一。同时，有研究表明 GluR2 在细胞膜表面的表达量减少被认为和 LTD 过程有关，会促进 AMPA 受体内化作用（Chung et al.，2003）。

AMPA 受体在突触后膜的动态表达与 LTP、LTD 的诱发和维持有关，是调控突触可塑性和参与学习记忆方面的主要机制之一，也与许多神经性疾病如精神分裂症、阿尔茨海默病、癫痫等疾病的发病有关，是近年来的研究热点之一。AMPA 受体通过胞吞和胞吐作用在细胞膜表面循环，从而改变突触后膜上 AMPA 受体的数量和组成，是 LTP 能够长期维持的关键（Malinow and Malenka，2002）。许多环境污染物如重金属离子铝、铅和镉都会影响神经元突触可塑性，引起实验动物自发性活动和学习能力下降，同时 AMPA 受体通过影响其在细胞膜上的数量和种类分布参与其中（Sadiq et al.，2012）。

4.3.3 全氟辛烷磺酸发育期暴露对 AMPA 受体亚基磷酸化的影响

对 PFOS 发育期暴露后总蛋白和膜蛋白中 AMPA 受体亚基磷酸化蛋白

GluR1-s831 和 GluR2-s880 的蛋白质表达量的变化进行检测。如图 4.21 所示，PFOS 发育期暴露对总蛋白中 GluR1-s831 和 GluR2-s880 表达量没有显著影响，只在 TT15 高剂量暴露组 GluR2-s880 在总蛋白中表达水平出现显著上调。在膜蛋白中 GluR1-s831 的含量出现显著下调，并具有剂量效应关系，而 GluR2-s880 的表达水平呈上调趋势，但没有统计学差异。

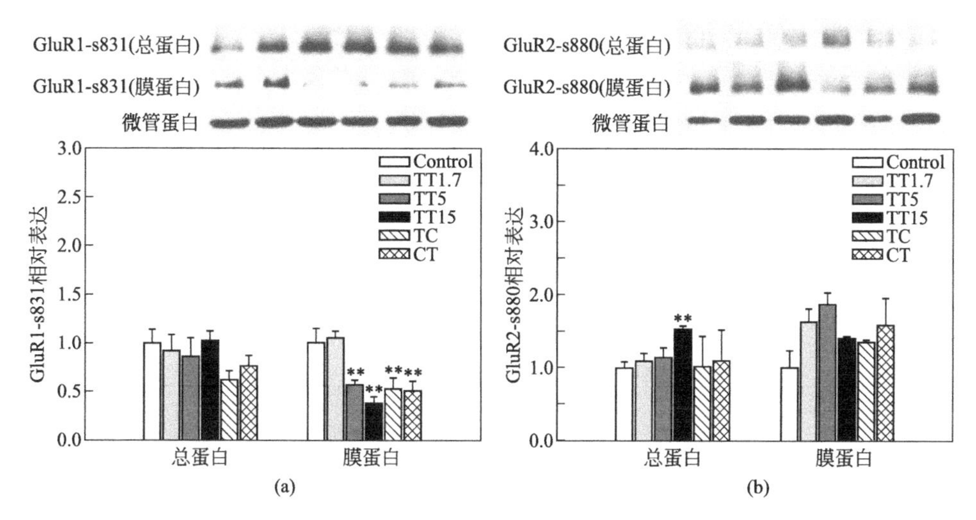

图 4.21　PFOS 发育期暴露对大鼠海马总蛋白和膜蛋白中 AMPA 受体亚基磷酸化蛋白质表达的影响

*、**分别代表与对照组相比具有显著性差异（$p<0.05$、$p<0.01$）

同时对在突触可塑性调节过程中起重要作用的钙调蛋白激酶 CaMKⅡ-α 在总蛋白及膜蛋白上的表达水平进行检测。如图 4.22 结果所示，PFOS 发育期暴露对 CaMKⅡ-α 在总蛋白中的变化没有显著影响，而在膜蛋白中的表达呈剂量依赖性显著下调。

研究证明 AMPA 受体的调节主要依赖于亚基的磷酸化作用。GluRl 细胞内 C 端的不同位点磷酸化（Ser831 和 Ser845）使得 AMPA 受体更易于向突触后细胞膜转移，蛋白激酶 PKC 和 CaMKⅡ通过调节 GluR1 Ser831 磷酸化，增强 AMPA 受体介导的反应，调节突触发育过程的可塑性，进而影响 LTP（Barria et al.，1997）。PFOS 发育期暴露抑制细胞膜上 GluR1-s831 的表达，蛋白激酶 CaMKⅡ-α 在细胞膜上的表达量变化趋势和 GluR1-s831 一致，提示 PFOS 可能是通过影响 CaMKⅡ-α 磷酸化 GluR1-s831 位点，进而影响 AMPA 的分布与功能。GluR2 Ser880 位点磷酸化，扰乱 GluR2 与谷氨酸受体作用蛋白 GRIP 的作用。在避免 GluR2 Ser880 位点被磷酸化的定向突

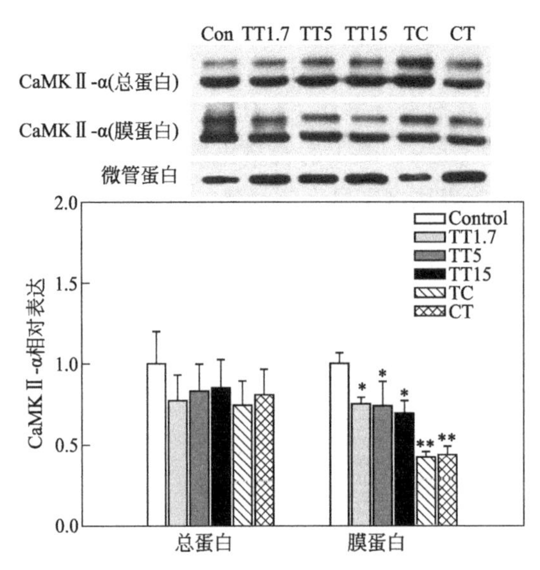

图 4.22 PFOS发育期暴露对大鼠海马总蛋白和膜蛋白中CaMKⅡ-α表达的影响

*、**分别代表与对照组相比具有显著性差异（$p<0.05$、$p<0.01$）

变实验中，突触传递效率和部分LTD的诱导受到抑制，GluR2-s880磷酸化会扰乱GluR2与GRIP的相互作用，影响AMPA受体从突触后膜上撤离，从而调节GluR2活性依赖的突触抑制。然而PFOS暴露对GluR2-s880的磷酸化没有显著影响，提示GluR2-s880位点磷酸化可能没有参与调节PFOS影响AMPA受体的内化作用。

LTP的发生是突触前机制与突触后机制共同作用的结果，突触前膜释放大量以谷氨酸为主的神经递质，与突触后膜上谷氨酸受体结合，如AMPA受体和NMDA受体。Na^+和K^+可以通过AMPA受体，改变突触后电位，引起突触后膜去极化，解除Mg^{2+}对NMDA受体通道的阻塞，对Ca^{2+}的内流产生影响，从而影响下游一系列钙依赖的级联反应，改变AMPA受体亚基的分布，影响突触传递以及LTP和LTD的诱导。Liao等（2009）通过全细胞膜片钳的方法发现PFOS暴露会增加细胞K^+电流幅度，引起Na^+电流曲线左移，改变细胞超级化方向，高浓度PFOS暴露对谷氨酸电流产生抑制作用。本研究进一步发现PFOS暴露可能是通过影响AMPA受体亚基的磷酸化，而降低AMPA受体亚基在突触后膜上表达水平，引起AMPA受体内化。然而AMPA受体在细胞膜上的分布除了受磷酸化及激酶的调控，胞内作用蛋白可能也参与调控，其中的调控机制还需要进一步研究阐明。

4.4 全氟辛烷磺酸暴露干扰大鼠原代海马神经元钙稳态的 AMPA 调控机制

4.4.1 原代海马神经元培养和鉴定

(1) 细胞培养板及培养皿的预处理

取 12 孔培养板，每孔加入 1mL 0.01mg/mL 的多聚左旋赖氨酸包被液，置于 37℃，5% CO_2 培养箱内，孵育 4h 以上或过夜，接种细胞前吸出可重复利用，超净台内晾干。用 PBS 缓冲液冲洗两遍，晾干。再加入接种液中和备用。

(2) 原代海马神经元的分离和培养

取新生 24h 内的 SD 乳鼠，75%乙醇浸泡全身消毒。剪开皮肤和颅骨，暴露两侧大脑半球。将脑组织放入含预冷的解剖液的培养皿中，培养皿置于冰盒上，取出双侧海马组织，尽量去除残留血管和脑膜。将海马组织剪碎，用 0.125%的胰蛋白酶在 37℃消化 20min，每隔 5min 晃动一次。加入 1mL 胎牛血清终止消化。反复轻轻吸打组织，经 200 目滤网过滤。收集过滤后的细胞以 1000g 离心 5min，弃上清，加入细胞接种液重悬。用血细胞计数板计数细胞，调整浓度为 1×10^5 个/mL，然后将细胞种植在用多聚左旋赖氨酸处理过的细胞孔板中。于 37℃含 5% CO_2 的培养箱中进行培养。第二天全量换为细胞维持液，以后每隔 2 天半量换液。第 4 天加入 10μmol/L 的 Ara-C 抑制胶质细胞生长。

原代海马神经元，刚接种的细胞呈圆形，接种 5min 后开始贴壁。6h 后更换为无血清的培养液，大部分细胞贴壁生长，生长旺盛。培养 3 天的细胞具有典型神经元的形态特征，胞体饱满透亮，形态多呈梭形，伸出细长突起，长短不一。培养至 5 天后神经元胞体继续增大，突触明显增长、增粗，连接成网（图 4.23）。培养至 7 天神经细胞的生长更加活跃，开始形成集落样神经元群落，突起已形成较稠密的神经纤维网络。培养至 14 天后细胞聚集现象明显。培养至 20 天后神经细胞开始退化。

(3) 原代海马神经元的鉴定

取培养在激光共聚焦皿内的第 7 天大鼠海马神经元，室温 PBS 缓冲液轻轻冲洗 3 次，每次 10min。用 4%多聚甲醛室温固定 20min，PBS 冲洗 3 次，

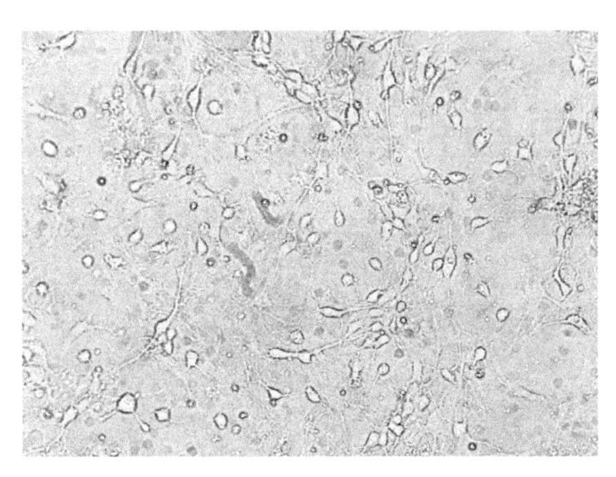

图 4.23　原代海马神经元体外培养 5 天形态

每次 3min。使用 0.2% TritonX-100 透膜 10min，PBS 冲洗 3 次，每次 3min。10% BSA 封闭，室温孵育 30min，以消除非特异性结合位点。吸去血清，加入 2% BSA 稀释的小鼠抗大鼠 MAP-2 单克隆抗体（1∶100），4℃过夜。第二天，吸去一抗液体，PBS 缓冲液冲洗 3 次，每次 5min。之后加入 2% BSA 稀释的 FITC 标记的山羊抗兔 IgG 二抗（1∶100），避光孵育 45min。吸去二抗液体，PBS 缓冲液冲洗 3 次，每次 5min。最后加入 1mL Hoechst 33342 复染细胞核，室温避光孵育 5min。PBS 缓冲液冲洗 3 遍，每次 5min。在倒置荧光显微镜下观察，同一视野下拍摄不同的激发光激发 FITC 和 Hoechst 33342 的荧光图片，再用成像软件将所得图片进行组合。以 MAP-2 单克隆抗体荧光染色标记海马神经元，用 Hoechst 33342 复染标记所有细胞核，计算神经元纯度（图 4.24）。

4.4.2　全氟辛烷磺酸对原代海马神经元细胞活性的影响

（1）PFOS 暴露对细胞存活率的影响

用 CCK-8 法检测 PFOS 暴露对细胞存活率的影响。原代海马神经元培养同上，以密度为 1×10^5 个/mL 接种在包被有 PLL 的 96 孔酶标板中。分别在细胞培养第 2 天、4 天、6 天，更换含有不同浓度 PFOS 的培养液（终浓度为 0μmol/L、0.02μmol/L、0.2μmol/L、2μmol/L、20μmol/L、200μmol/L、300μmol/L 和 400μmol/L），持续暴露 48h，每组分别设有 3 个复孔。更换培养液并加入 10μL 的 CCK-8 试剂，避光 37℃孵育 2h。取出 96 孔板，用酶标仪在 450 nm 测吸光值，求出相对存活率。

$$细胞存活率(\%)=(As-Ac)/(Ab-Ac)\times100\%$$

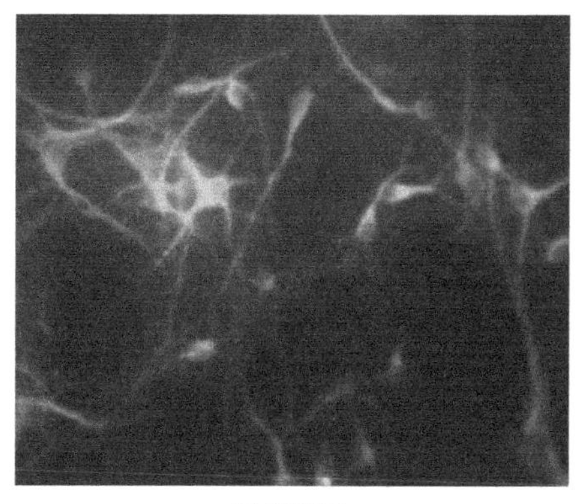

(a) MAP-2

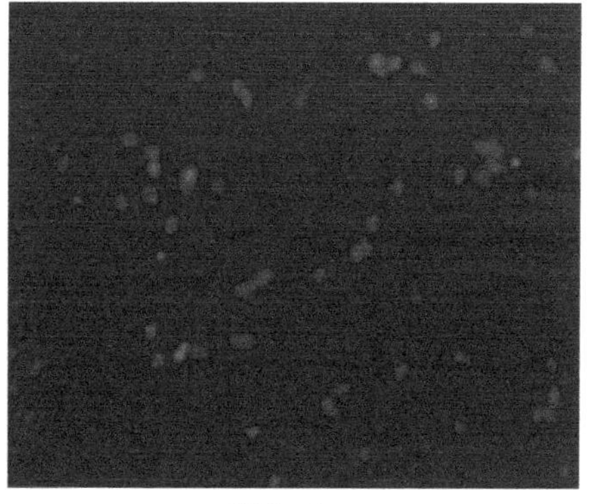

(b) Hoechst

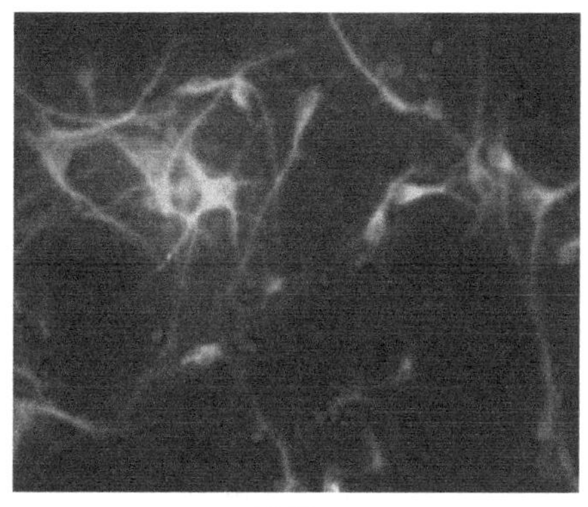

(c) Merge

图 4.24　体外培养 7 天的海马神经元的免疫荧光染色纯度鉴定

(a) MAP-2 标记的是神经元；(b) Hoechst 标记的是细胞核；

(c) Merge 为重叠以后的图

式中　As——实验孔（含细胞的培养基、CCK-8 和毒性物质）；

Ab——对照孔（含细胞的培养基、CCK-8 和没有毒性物质）；

Ac——空白孔（不含细胞和毒性物质的培养基、有 CCK-8）。

结果表明，PFOS 会抑制海马神经元细胞活性，在相同的暴露时间下，在体外培养的不同时间点暴露 PFOS 对海马神经元细胞活性具有显著性差异。体外培养第 2 天暴露 PFOS 组（D2）在 0.02～200μmol/L 的浓度范围内比第 4 天（D4）和第 6 天（D6）暴露组对细胞活性的抑制性更显著，D4 和 D6 没有显著性差异。选择生长旺盛的 D4 神经元细胞暴露 PFOS 48h，结果显示，PFOS 对海马神经元细胞活性的抑制作用具有剂量依赖性。其中 300μmol/L 和 400μmol/L 的 PFOS 暴露 48h 后显著抑制神经元细胞活性，其他浓度 PFOS 暴露组与对照组相比对细胞活性无显著性差异（图 4.25）。根据 PFOS 对细胞活性影响的实验结果，选择 0.2μmol/L、2μmol/L 和

20μmol/L 对生长旺盛的 D4 神经元细胞暴露 48h 为后期实验的暴露剂量和暴露时间。

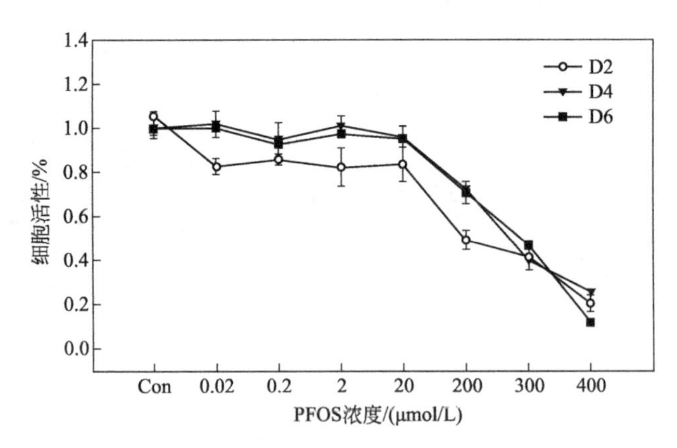

图 4.25 PFOS 暴露对海马神经元细胞活性的影响

（2）PFOS 对原代海马神经元细胞凋亡的影响

Hoechst 33342 是一种特异性 DNA 染料，可以穿透细胞膜。按照存活率实验对细胞进行相同处理，细胞培养第五天开始用不同浓度 PFOS 暴露 48h 后，更换培养液，加入 Hoechst 33342，室温避光孵育 5min，PBS 缓冲液冲洗 3 遍，在荧光显微镜下观察，活细胞核呈弥散均匀荧光，出现细胞凋亡时，细胞核或细胞质内可见浓染致密的颗粒块状荧光。激发波长为 365～400nm，计数 500 个细胞，根据核的情况计算相对凋亡率。

不同浓度 PFOS 作用于原代海马神经元 48 h 后，Hoechst 染色后荧光显微镜下观察。0.02～2μmol/L PFOS 暴露神经元细胞核清晰可见，偶有少量浓缩、发亮的凋亡细胞。20μmol/L 和 200μmol/L PFOS 暴露组，浓缩发亮的细胞数量显著增加，凋亡细胞数量明显增加，与对照组相比具有显著性差异（$p<0.05$）。300μmol/L 和 400μmol/L PFOS 暴露组，细胞核浓缩，变小，见图 4.26。300μmol/L 和 400μmol/L 暴露组的凋亡率极显著增高。Wang 等（2015）通过流式细胞仪对细胞凋亡情况进行检测，发现 PFOS 暴露会显著增加海马细胞的凋亡量，并且与 PFOS 的蓄积浓度呈现显著相关性，这和本研究利用 Hochest 染色对原代海马神经元细胞的影响是一致的。

研究表明 PFOS 在野生动物体内一些组织中的浓度高达 2～20μmol/L（Giesy and Kannan，2001），在职业暴露人群的血清中 PFOS 浓度为 1.82μmol/L（Olsen et al.，2003），在美国普通人群血清中 PFOS 浓度只有 0.06μmol/L，然而考虑到 PFOS 在体内的生物累积性，长时间低剂量暴露可能会引起的毒性作用。在前期研究中，使用 5mg/L PFOS 发育期饮水暴露，仔鼠出生后第一天血清和海马组织中 PFOS 浓度分别约为 68μmol/L 和 230μmol/L，PFOS 在胚胎期暴露会透过血脑屏障和胎盘屏障在仔鼠海马组织中蓄积，对中枢神经系统造成损伤。所以后续研究采用 0.2μmol/L、2μmol/L、20μmol/L 及 200μmol/L PFOS 是与环境健康相关的浓度，可以为 PFOS 影响人类健康的研究提供依据。

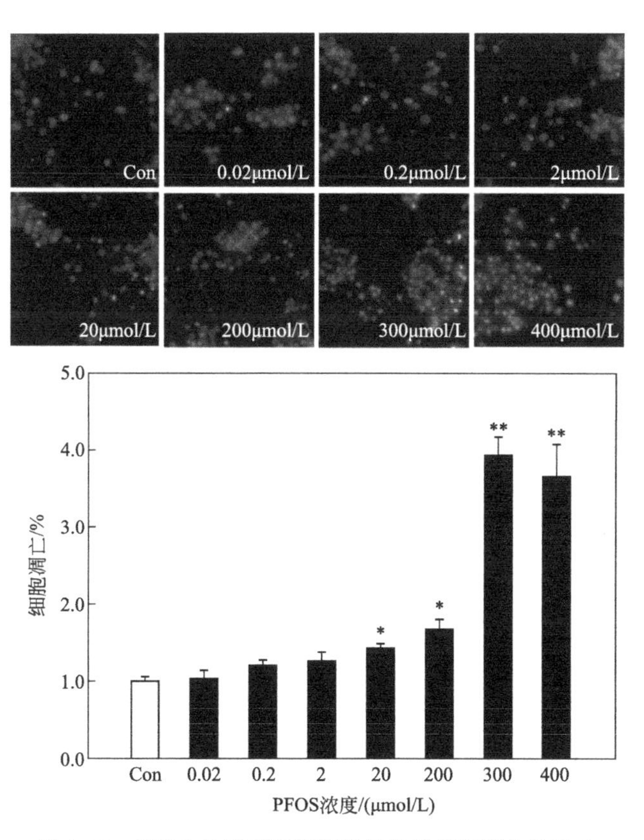

图 4.26　PFOS 暴露对原代海马神经元细胞凋亡的影响

4.4.3　全氟辛烷磺酸对原代海马神经元细胞钙稳态的影响

（1）原代海马神经元细胞钙成像实验

原代海马神经元的培养方法同上，接种的时候种植在激光共聚焦的培养皿中，培养至 4～5 天，用 Krebs-Ringer 液冲洗三次，每次 5min。加入 1mL 用 Krebs-Ringer 液稀释到 4μmol/L 的 Fluo-4 AM，培养箱内孵育 30min。再用 Krebs-Ringer 液冲洗 3 次，孵育 30min 进行去脂化，以去除细胞表面的非特异性染色。Fluo-4 AM 是一种钙荧光探针，能够轻易进入细胞中。AM

进入细胞后会被胞内酯酶剪切形成 Fluo-4，Fluo-4 若以游离配体形式存在时几乎是非荧光性的，但是当它与细胞内钙离子结合后可以产生较强的荧光，最大激发波长为 494nm，最大发射波长为 516nm，使用激光共聚焦显微镜 Time Series 扫描模式对细胞 XYT 平面连续扫描进行图像获取和分析，保持培养皿温度在 37℃。以 512×512 分辨率高速扫描，扫描频率为 1 次/s，曝光时间为 50 ms。记录位于细胞体中央 6×6 像素区域内的荧光强度，用相对荧光强度值 $\Delta F_t/F_0$ 的变化反映 $[Ca^{2+}]_i$ 的变化。其中，F_0 是在 2min 对照时间内得到的荧光强度基线值。ΔF_t 是减去无细胞区域背景值为平均荧光强度。不同浓度 PFOS 暴露后连续记录 15min，NBQX＋200μmol/L PFOS 组在用 200μmol/L PFOS 暴露记录 30min 前先用 15μmol/L NBQX 作用 15min。每组选取 20～30 个神经元（来自至少 3 个不同批次细胞）为观察对象。

（2）PFOS 对原代海马神经元细胞内钙离子的影响

为研究 PFOS 影响 AMPA 受体分布的潜在机制，本研究采用实时钙成像的技术，对 PFOS 暴露后细胞内钙离子水平的变化进行动态监测。从图 4.27 可以看出，2μmol/L、20μmol/L 和 200μmol/L PFOS 暴露会引起细胞内钙离子水平升高，在暴露 15min 左右达到最大值，并可维持 30min 以上，具有剂量效应关系。在 PFOS 暴露 30min 之后，神经元内钙离子水平升高分别为对照组的 108%、183%和 151%。200μmol/L PFOS 暴露在 15min 左右钙离子水平出现下降的趋势，这可能是 PFOS 暴露导致钙超载，引起细胞兴奋性毒性，致使细胞出现凋亡现象，同时可以解释 200μmol/L PFOS 暴露 48h 引起细胞凋亡率显著升高和细胞活性受到显著抑制的现象。

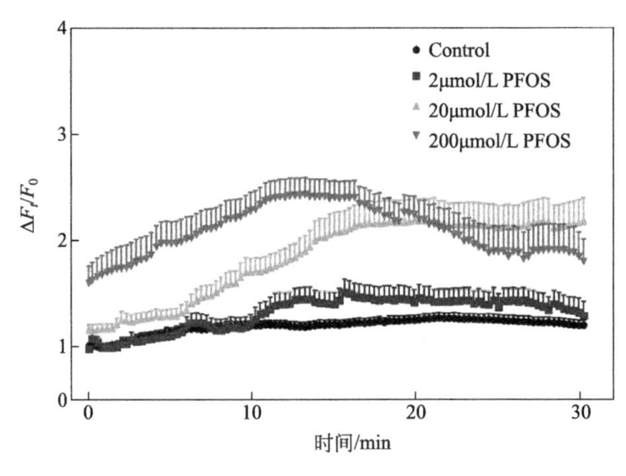

图 4.27　不同浓度 PFOS 暴露对大鼠原代海马神经元细胞钙成像的影响

(3) AMPA 受体在 PFOS 引起细胞内钙离子浓度变化中的作用

钙超载或钙失衡是许多环境因素引起神经毒性的共同路径。在调节神经系统发育和突触可塑性过程中钙离子起着重要的调节作用，包括对细胞存活、突触和细胞死亡的调节等。钙紊乱影响许多生理过程，引起细胞发生坏死或凋亡，影响神经系统发育、突触形成、LTP 诱导，导致行为异常、学习记忆障碍，在 AD 的发病过程中均发挥重要作用（Smith et al.，2006）。与之前的研究相一致，PFOS 暴露能够显著诱导神经元内钙离子浓度升高，破坏细胞内钙稳态，进而影响突触发生、突触结构发育及神经递质的传递过程，并使神经元容易遭受兴奋性毒性和凋亡。

进一步对 PFOS 引起 $[Ca^{2+}]_i$ 升高的机制进行探索，用 AMPA 受体的抑制剂 NBQX 对受体通道加以阻断，发现由 200μmol/L PFOS 暴露升高的钙离子水平在很大程度被 NBQX 抑制了，与 200μmol/L PFOS 暴露组相比抑制效果达到 127%，且具有显著性差异（图 4.28 和图 4.29），说明 AMPA 受体在 PFOS 引起细胞内钙离子浓度升高过程中起着重要的作用。

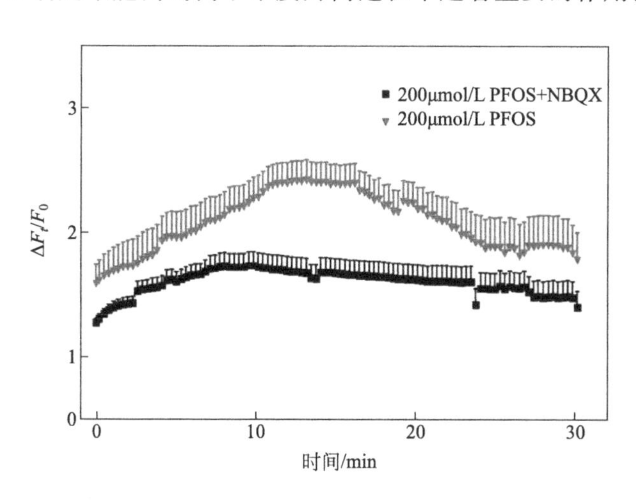

图 4.28　NBQX 对 PFOS 引起钙超载的影响

通过钙通道、钙结合蛋白、线粒体和内质网钙库等不同来源进入的钙离子在参与神经细胞突触传递、递质释放等多种神经活动过程中起着不同的作用。已有研究证明，PFOS 对钙稳态的影响受到细胞膜上钙通道及细胞内钙库的共同调节，Harada 等（2005）和 Liao 等（2009）通过全细胞膜片钳记录的方法发现 PFOS 能影响 L-钙通道引起 Ca^{2+} 内流。Liu 等（2011）发现在无外源性钙源的条件下，PFOS 还可以通过激活钙库上 IP_3R 和 RyR 使 $[Ca^{2+}]_i$ 升高。有研究表明 L-钙通道和 NMDA 受体通道来源的钙离子在学

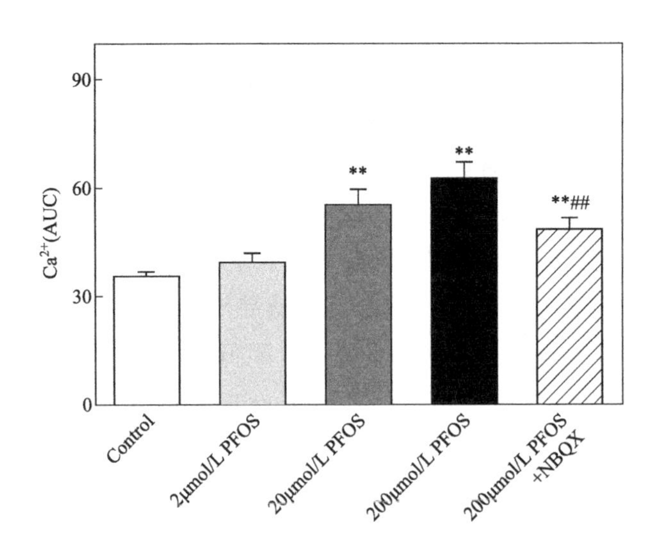

图 4.29　PFOS 和 NBQX 对原代海马神经元钙成像的影响

＊＊：显著性差异与对照组（$p<0.01$），＃＃：显著性差异在 200μmol/L PFOS 暴露组和 200μmol/L PFOS＋NBQX 暴露组（$p<0.01$）

习记忆过程中起着不同的作用，NMDA 受体抑制 MK-801 会造成大鼠在行为实验中获得过程的损伤，而 VDCC 的抑制剂则对维持过程造成损伤（Woodside et al.，2004），提示不同来源的钙离子参与记忆形成过程中的不同方向。本研究结果提示 AMPA 受体也会共同参与调控 PFOS 对 $[Ca^{2+}]_i$ 的影响，NMDA 受体通道的激活则依赖于 AMPA 所引起突触后膜去极化，所以 AMPA 受体对 $[Ca^{2+}]_i$ 的影响可能是通过影响 NMDA 受体通道而实现的。然而前期整体动物的研究结果显示 PFOS 暴露会影响 AMPA 受体亚基在细胞膜上的分布，引起 GluR2 在突触后膜上表达降低，而缺乏 GluR2 亚基的 AMPA 受体对 Ca^{2+} 通透性增强，提示 PFOS 可能通过影响 AMPA 受体亚基 GluR2 的分布而影响 $[Ca^{2+}]_i$。

4.4.4　全氟辛烷磺酸对原代海马神经元 AMPA 受体相关基因表达的影响

（1）AMPA 受体相关基因表达实验

原代海马神经元培养至第五天，0.2μmol/L、2μmol/L、20μmol/L PFOS 和 20μmol/L PFOS＋NBQX 暴露 48h。暴露结束后，吸去培养液，用 PBS 缓冲液冲洗 2 遍，置冰盒上按 3.1.3 节中的方法提取 RNA，检测 *GluR1*、*GluR2*、*GRIP1*、*PICK1* 和 *ADAR2* mRNA 表达水平，*gadph*、

GluR1 和 *GluR2* 引物序列同表 4.9，*GRIP1*、*PICK1* 和 *ADAR2* 引物序列见表 4.10。

表 4.10 引物序列

目标基因	5′→3′引物序列	产物长度/bp
GRIP1	F：TCCCAACAGAAGACAGCACCT	194
	R：TCTACTGGATGGCGAACTGATG	
PICK1	F：CAGCATTGAGAAGTTCGGCAT	182
	R：TGTACTCCTCGTCGTCCATCTC	
ADAR2	F：ACATCCGAATCGCAAAGCAAG	163
	R：GTTCCAGCGTGCTATCTTGTC	

(2) PFOS 对原代海马神经元 AMPA 受体相关基因表达的影响

不同浓度 PFOS 对原代海马神经元细胞暴露 48 h 会抑制 AMPA 受体亚基 *GluR1* 和 *GluR2* mRNA 的表达，并存在剂量效应关系，20μmol/L PFOS 暴露组对 *GluR1* mRNA 的表达具有显著抑制作用，2μmol/L 和 20μmol/L PFOS 暴露对 *GluR2* mRNA 的表达均具有显著抑制作用。谷氨酸相互作用蛋白 *GRIP1* 和 *GluR2* 基因表达的变化趋势相一致，2μmol/L 和 20μmol/L PFOS 暴露显著下调 *GRIP1* mRNA 表达水平。*ADAR2* mRNA 表达水平与对照组相比 PFOS 暴露组均极显著升高，20μmol/L PFOS 暴露组的上调幅度有显著下降趋势。*PICK1* 表达水平在所有暴露组未见显著性变化。AMPA 受体拮抗剂 NBQX 对 PFOS 引起的 *GluR1*、*GluR2*、*GRIP1* 和 *ADAR2* 的表达水平的变化表现出逆转的作用（图 4.30）。

AMPA 受体通道在诱导细胞外钙离子内流和 LTP 维持过程起着重要的作用。在正常生理条件下，高频刺激神经元，促使以谷氨酸为主的神经递质释放到突触间隙，去除 Mg^{2+} 对突触后膜 NMDA 受体的阻断作用，开放 Ca^{2+} 通道，使细胞外 Ca^{2+} 内流，引起细胞内 Ca^{2+} 浓度显著升高。细胞内 Ca^{2+} 作为第二信使，激活一系列钙信号通路，启动核内靶基因转录，引发突触后电位明显增强，并维持较长的一段时间的 LTP。同时细胞内 Ca^{2+} 还会引发 AMPA 受体磷酸化，向突触后膜转移，强化 LTP。AMPA 受体在突触后膜上的数量和组成对突触传递效能和突触可塑性起着十分重要的作用（Malinow and Malenka，2002）。PFOS 暴露显著抑制原代大鼠海马神经元中 *GluR1* 和 *GluR2* mRNA 表达，这与上一部分体内实验的研究结果相一致。GluR2 亚基缺乏的 AMPA 受体对 Ca^{2+} 高度可透，PFOS 暴露使神经元内

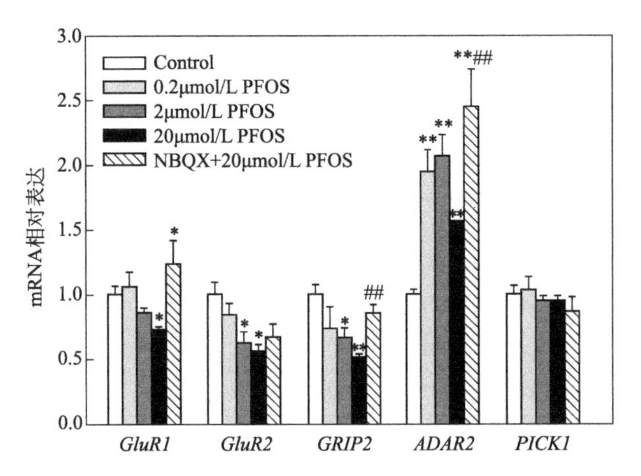

图 4.30 PFOS 暴露对原代海马神经元 AMPA 受体相关基因表达的影响

* 表示与对照组相比有显著性差异（$p<0.05$），* * 表示与对照组相比有极显著差异（$p<0.01$）；# 表示 20μmol/L PFOS 暴露组和 NBQX+20μmol/L PFOS 暴露组相比有显著差异（$p<0.05$），# # 表示极显著差异（$p<0.01$）

GluR2 基因表达水平下调，使得更多的 Ca^{2+} 可透过 AMPA 受体而进入细胞内，提示 PFOS 暴露引起 $[Ca^{2+}]_i$ 上调可能是通过钙离子可透过型 AMPA 受体（CP-AMPA）所介导。CP-AMPA 受体在突触可塑性及和神经疾病有关的细胞死亡过程中起着至关重要的作用。“GluR2 假说”认为 GluR2 表达下调，会导致 Ca^{2+} 内流增加，进而引起神经元死亡（Gorter et al.，1997）。CP-AMPA 在调节 LTP 过程中起着重要作用，*GluR2* 敲除的动物模型对被动膜运输的特性没有影响，但是会显著增加兴奋性突触后电流。NMDA 受体和 L-钙通道抑制剂作用后 LTP 仍能被成功诱导，说明 CP-AMPA 受体所引起的钙离子内流足够引起 LTP 的形成，相反 *GluR2* 突变会使 LTD 的诱导受到抑制。红藻氨酸（kainic acid）也是一种谷氨酸受体，长时间暴露红藻氨酸会出现典型的细胞凋亡现象，伴随细胞内钙离子的聚集，GluR2 亚基的表达显著下调，同时激活钙蛋白酶 calpain 和凋亡因子 caspase-3 的表达（Li，2003）。

4.5 全氟辛烷磺酸暴露对 Tau 磷酸化和 Aβ 聚集的影响

Tau 蛋白表达及其磷酸化的异常与学习记忆能力密切相关。Johansson 等（2009）发现 PND10 大鼠单次暴露 PFOS 会引起 Tau 蛋白在海马及皮层组织中表达水平升高，然而 PFOS 发育期亚慢性暴露对 Tau 蛋白及其磷酸化的影响尚不清楚。Tau 过度磷酸化形成神经纤维缠结和 Aβ 聚集形成老年斑是 AD 主要的病理表现，临床症状包括记忆力下降和认知障碍等（Cardenas et al.，2012）。越来越多的研究表明神经退行性疾病的发病机制与环境触发和发育早期暴露有关，长时间低剂量的环境污染物的暴露是引发神经退行性疾病的潜在原因。

本实验通过建立交叉哺育模型比较 PFOS 出生前和出生后暴露对大鼠成年后 Tau 及其磷酸化位点（S199、T231、S396）蛋白质的表达和 Aβ1-42 及其生成过程中相关基因（*app*、*bace-1*、*ps-1*）表达水平进行检测，研究结果对于阐明发育期 PFOS 暴露与神经退行性疾病之间的潜在关联具有重要意义。

4.5.1 全氟辛烷磺酸暴露对 Tau 蛋白和基因表达的影响

（1）Western blot 检测海马中凋亡相关蛋白表达水平

Western blot 检测方法见 4.3.1 小节。对 PFOS 暴露 PND 90 仔鼠海马组织中 Tau 总蛋白的变化进行研究。结果显示，PFOS 暴露显著上调大鼠海马 Tau 总蛋白的表达水平，TC 和 CT 组 Tau 总蛋白的表达水平与对照组相比呈升高趋势，各暴露组间没有显著性差异（图 4.31）。

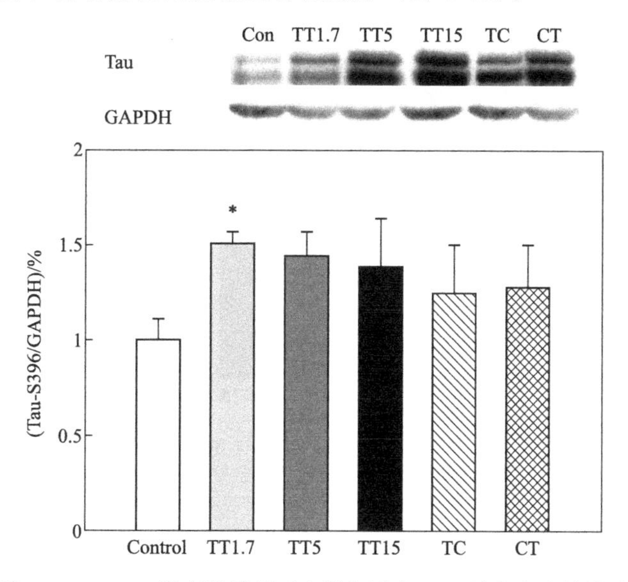

图 4.31 PFOS 发育期暴露对大鼠海马中 Tau 蛋白表达的影响

*、**分别表示与对照组相比有显著性差异（$p<0.05$，$p<0.01$）

（2）荧光定量 PCR 检测相关基因表达水平

引物序列 *tau*、*app*、*bace-1*、*ps-1* 见表 4.11。其他 cDNA 合成及荧光定量 PCR 的具体步骤同 4.3.2 小节。

表 4.11　引物序列

目标基因	5′→3′引物序列	产物大小/bp
tau	F：GCACATCCAATGCCACCAG	105
	R：TGCTGTAGCCGCTTCGTTC	
app	F：ACCCATCAGGGACCAAAACC	215
	R：GGCATCGCTTACAAACTCACC	
bace-1	F：AACTATGACAAGAGCATCGTGG	235
	R：TGATGCGGAAGGACTGATTG	
ps-1	F：CATTCACAGAAGACACCGAGAC	164
	R：CAGAGATGAAACAATAAGCCAGG	

此外，PFOS 暴露引起 *tau* mRNA 表达水平与 Tau 总蛋白的表达水平变化趋势相似，*tau* mRNA 表达水平不同程度的上调，TT5、TT15、TC 和 CT 组与对照相比具有显著性差异，而 TC 组 *tau* mRNA 表达水平高于其他暴露组，显著高于对照组，与 CT 组相比具有显著性差异（图 4.32）。

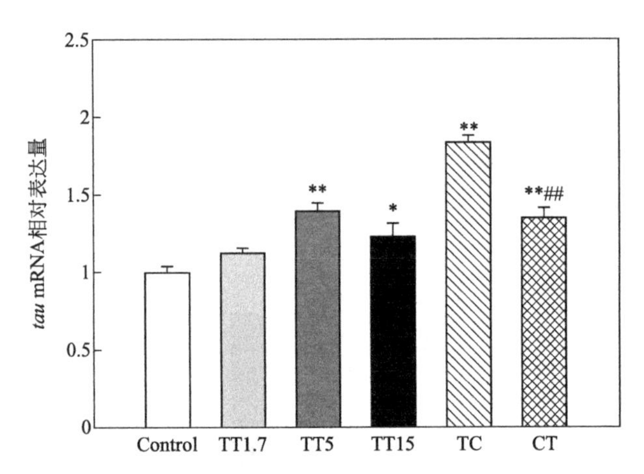

图 4.32　PFOS 发育期暴露对大鼠海马 *tau* mRNA 表达的影响

*、**分别表示与对照组相比有显著性差异（$p<0.05$，$p<0.01$），

#、##分别表示 TC 和 CT 组之间具有显著性差异（$p<0.05$，$p<0.01$）

Tau 蛋白是一种微管骨架蛋白，在神经系统发育和维持细胞形态方面具有重要作用。Tau 蛋白过度磷酸化会引起微管结构解聚和功能丧失，易于聚集形成神经纤维缠结，影响微管动力学和神经元的极性，导致神经元功能障

碍（Dubey et al.，2015）。Tau 寡聚体抑制小鼠海马脑片 LTP 诱导，在八臂迷宫中工作记忆错误次数增加，记忆能力受损。本研究结果显示 PFOS 发育期暴露引起 Tau 总蛋白以及 *tau* mRNA 过量表达，这与 Johansson 等（2008）的研究结果相一致。对 PND 10 的新生大鼠进行单次 PFOS 染毒，导致大脑皮层中 Tau 蛋白表达水平显著升高，同时引起大鼠自发性行为损伤，提示在大脑发育期暴露 PFOS 可能会通过影响 Tau 蛋白的表达而影响学习记忆能力，Tau 蛋白的过量表达可能是 PFOS 引起神经毒性的潜在原因之一。

4.5.2 PFOS 暴露对 Tau 磷酸化的影响

Tau 蛋白的活性主要依赖于 Tau 蛋白的磷酸化，在已发现的 Tau 蛋白的磷酸化位点中，Ser199、Thr231 和 Ser396 位点的磷酸化具有一定的代表性，与认知功能有着紧密的联系。PFOS 发育期暴露引起各个磷酸化位点表达均出现显著上调，其中 Tau 磷酸化在 S199 位点表达水平随着 PFOS 的暴露剂量的升高而升高，与对照组相比 TT15 和 CT 组具有显著性差异，TC 组 Tau p-S199 的表达水平比对照组高 79.5%，但没有统计学意义（图 4.33a）。Tau 磷酸化在 T231 位点在 TT1.7 和 TT5 组表达水平显著高于对照组，与 PFOS 暴露剂量呈负相关，TC 和 CT 组 Tau p-T231 表达水平无显著变化（图 4.33b）。Tau 磷酸化在 S396 位点表达水平呈上调趋势，TT1.7 组具有显著性差异（图 4.33c）。TC 组和 CT 组之间在所有的磷酸化位点的表达都没有显著性差异。

PND 90 仔鼠血清中 PFOS 的蓄积浓度在对照组未检测到 PFOS，低于检出范围。出生前后均暴露的 TT 组 1.7mg/L、5mg/L 和 15mg/L 组血清中 PFOS 的浓度分别为（18.5±1.9）μg/mL、（59.3±7.7）μg/mL 和（288.4±2.7）μg/mL。只在出生前暴露的 TC 组血清中 PFOS 浓度为（1.9±0.4）μg/mL，显著低于只在出生后暴露组血清中 PFOS 的浓度（220±28.4）μg/mL。只在出生前暴露的 TC 组血清中 PFOS 浓度远低于 CT 组，但由于发育期神经系统的敏感性较高，PFOS 更易透过血脑屏障和胎盘屏障对中枢神经系统产生影响，TC 组所引起的毒性效应甚至与出生前后均暴露组作用相当，提示胚胎期 PFOS 暴露的高风险性。本实验所使用 PFOS 的暴露剂量和人体实际暴露水平相似。Olsen 等（1999）调查发现，职业暴露的工人血清中 PFOS 含量高达 0.1～12.8μg/mL，本研究 TT1.7 或 TC 组血清中 PFOS 的浓度与职业暴露人群血清中的浓度相当。自 2006 年 12 月欧洲议会发布《关于限制全氟辛烷磺酸销售及使用的指令》禁止销售和使用 PFOS，英国健康保护局（HPA）设定 1μg/L 为不影响人体健康的饮用水标准，超过 9μg/L 则需采取相应预警措施。参考前期神经毒性研究，5mg/L 和 15mg/L PFOS 饮水暴露不会产生一般毒性效应，并能对神经蛋白的表达产生影响。在此基础上本研究的暴露剂量采用 1.7mg/L、5mg/L 和 15mg/L。

血清中 PFOS 浓度与总 Tau、p-S199、p-T231 和 p-S396 的表达水平具有交互作用（$r=0.550$，$p=0.259$；$r=0.757$，$p=0.082$；$r=-0.148$，$p=0.779$；$r=0.224$，$p=0.670$），其中血清 PFOS 浓度与 Tau p-S199 表达水平存在正相关性。

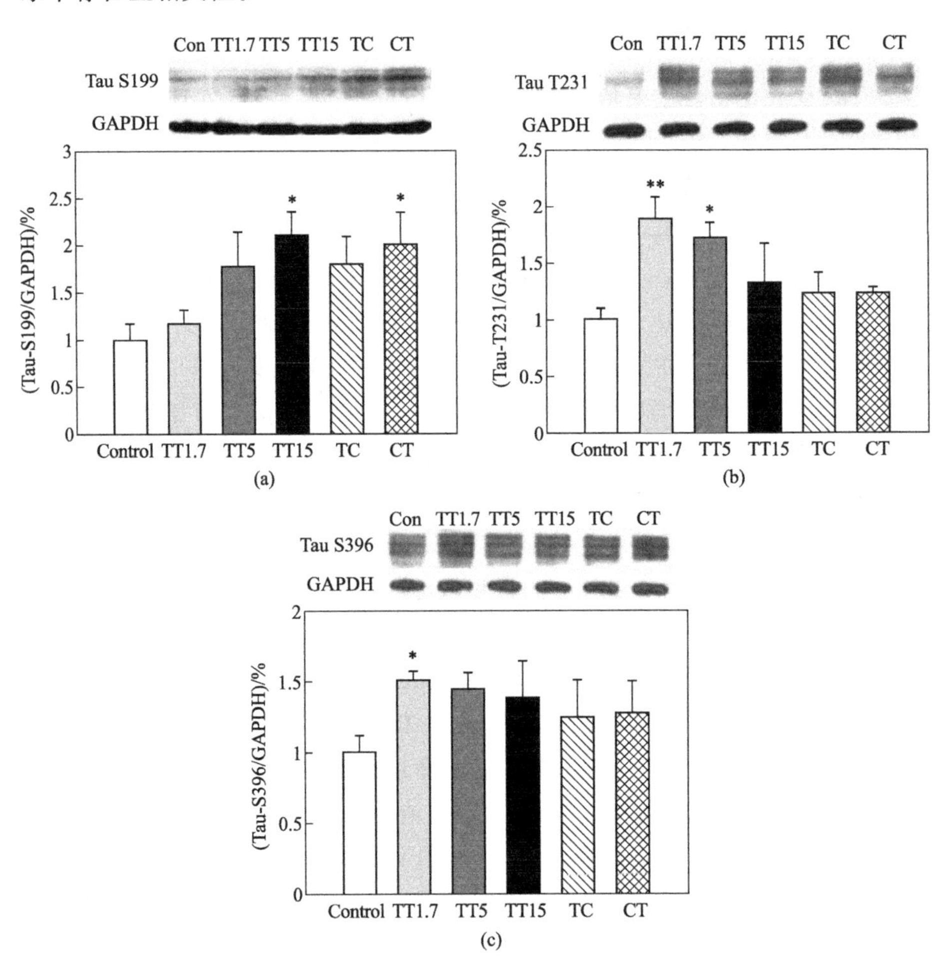

图 4.33 PFOS 发育期暴露对大鼠 Tau 磷酸化的影响

(a) p-S199；(b) p-T231；(c) p-S396；N=3；*、**分别表示与对照组相比有显著性差异（$p<0.05$，$p<0.01$）

4.5.3 全氟辛烷磺酸暴露对蛋白激酶 GSK-3β 表达的影响

(1) ELISA 检测海马中 GSK-3β 蛋白表达水平

取 100mg 海马组织加 1mL PBS 匀浆后，−20℃过夜，经反复冻融 2 次处理破坏细胞膜，将组织于 4℃，5000g 离心 5min，取上清液由 BCA 蛋白检测试剂盒检测总蛋白含量。使用大鼠 ELISA 试剂盒检测 Aβ1-42 和 GSK-3β 在海马组织中的含量。具体操作依说明书进行。取 100μL 标准品或样品加入预先包被有 Aβ1-42 或 GSK-3β 抗体的 96 孔板中 37℃孵育 2h，再加入生物素标记的抗体孵育 1h，清洗后再加入辣根过氧化物酶标记的亲和素工作液孵育 1h，清洗后加底物溶液显色，并终止反应，用酶标仪在 490nm 处读出吸光度值，建立一元回归方程以及标准曲线，计算得出蛋白蛋的浓度。所有的分析使用三个不同的个体组织并进行重复实验。

(2) PFOS 暴露对蛋白激酶 GSK-3β 表达的影响

同时对 Tau 磷酸化过程中起重要作用的蛋白激酶 GSK-3β 的表达水平进行检测。结果显示，PFOS 暴露引起 GSK-3β 的表达水平的显著上调，但不存在剂量依赖效应，不同暴露组之间没有显著性差异（图 4.34）。Tau 蛋白的活性主要依赖于 Tau 的磷酸化，许多蛋白激酶如 GSK-3β、CDK5、PKA 以及蛋白激酶和蛋白酶之间的平衡都在调节 Tau 蛋白磷酸化的过程中起着重要的作用。PFOS 暴露会引起 GSK-3β 表达上调，提示 GSK-3β 可能参与了 PFOS 扰乱的过程，而各暴露组之间没有显著差别，可能是还有其他蛋白激酶参与调节 PFOS 影响 Tau 磷酸化的过程。

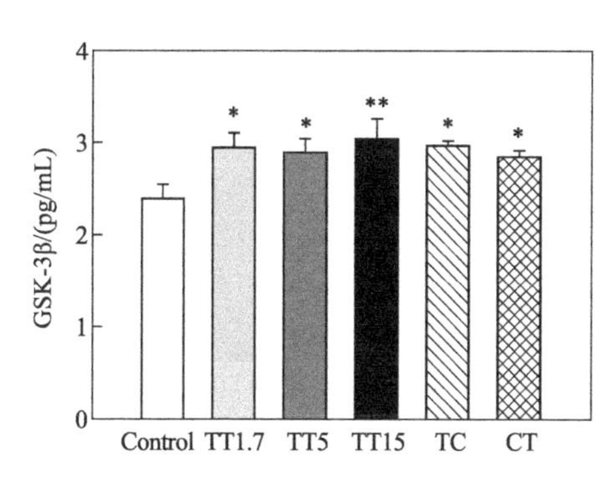

图 4.34 PFOS 发育期暴露对大鼠海马 GSK-3β 蛋白水平的影响

*、** 分别表示与对照组相比有显著性差异（$p<0.05$，$p<0.01$）

Tau 磷酸化位点 S199、T231 和 S396 被认为与学习记忆能力有着密切的关系，同时也是评价轻度认知功能障碍向阿尔茨海默病过渡的指示标志

（Wang 和 Liu，2008）。其中，S199 位点磷酸化在海马早期形成过程中大量表达，是 AD 病理过程中的早期事件。PFOS 暴露不仅引起 Tau-S199 磷酸化水平显著升高，还与血清中 PFOS 浓度呈正相关。Tau 的过度磷酸化作为 AD 的一个主要的病理表现，总 Tau 和磷酸化 Tau 反映着 AD 不同的病理学过程，总 Tau 反映了神经元损伤程度，而磷酸化 Tau 标志着神经纤维缠结的形成。异常的 Tau 磷酸化会使 Tau 蛋白失去生物学功能，影响微管的功能和稳定性，影响神经元轴突和树突运输过程，发生神经元退变（Salehi et al.，2003）。多个研究提示 Tau 的过度磷酸化在一些重金属和环境有机化合物造成的学习记忆能力损伤中起着重要的作用（Nie et al.，2013）。而之前的研究显示发育期 PFOS 暴露会引起海马组织病理学改变，出现细胞数量减少、排列紊乱、形态出现皱缩等现象（Wang et al.，2015）。鉴于 Tau 蛋白在维持细胞形态及学习记忆过程中的重要作用，提示 PFOS 发育期暴露引起的海马细胞形态损伤及学习记忆能力的下降可能与 Tau 蛋白及其磷酸化蛋白的异常表达有关。

4.5.4 全氟辛烷磺酸暴露对 Aβ1-42 聚集的影响

AD 的另一个主要病理表现是在脑中形成老年斑，对其中的主要毒性成分 Aβ1-42 的表达进行检测。如图 4.35 所示，PFOS 暴露后 Aβ1-42 的表达水平显著上调，而 TT 组的上升幅度随 PFOS 暴露剂量的升高而降低。TC 组 Aβ1-42 的表达水平与对照组相比显著性上升，CT 组没有显著变化。

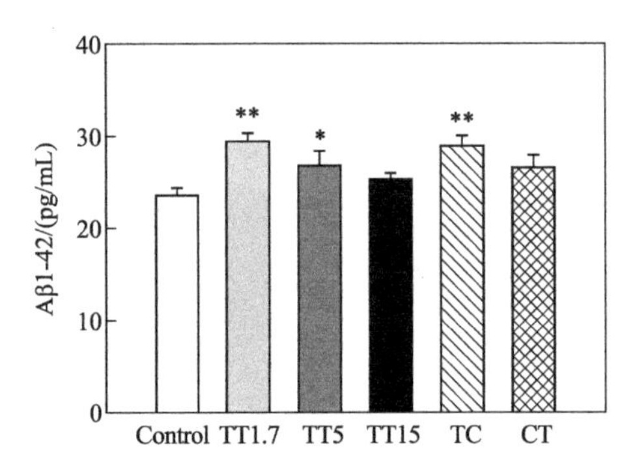

图 4.35 PFOS 发育期暴露对大鼠海马 Aβ1-42 聚积水平的影响

*、** 分别表示与对照组相比有显著性差异（$p<0.05$，$p<0.01$）

对 Aβ1-42 的累积过程中和淀粉样蛋白生成相关基因（*app*、*bace-1* 和 *ps-1*）在海马组织中的表达水平进行检测，结果见图 4.36。基因 *app* mRNA 的表达水平变化和 Aβ1-42 的变化相一致，在 TT1.7 和 TT5 中有显著性的升高，并随PFOS暴露剂量的升高 *app* mRNA的表达水平下降，在其他暴露组中的变化与对照组相比没有显著性差异。基因 *bace-1* mRNA的表达水平在TT15组有显著增加，在其他暴露组无显著变化。基因 *ps-1* mRNA的表达水平在所有暴露组中都显著下调，但各组之间没有显著性差异。

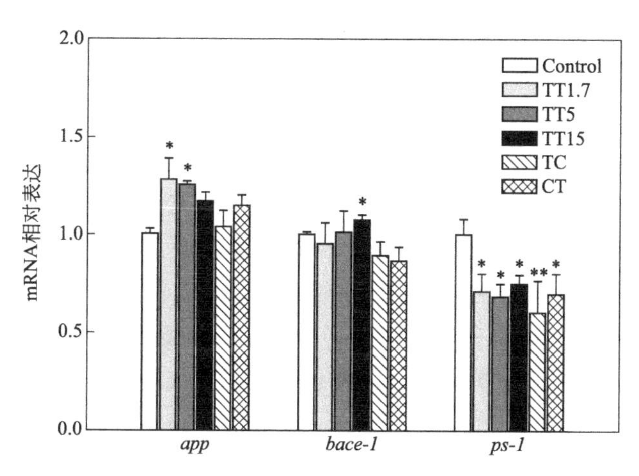

图4.36　PFOS发育期暴露对大鼠海马淀粉样蛋白生成相关基因表达的影响

*、**分别表示与对照组相比有显著性差异（$p<0.05$，$p<0.01$）

许多研究表明Aβ聚集与Tau磷酸化会相互影响，认为Aβ是引发Tau疾病“Tauopathies”的发病机理。用纤维状的Aβ处理原代神经元细胞加剧Aβ的聚集及Tau蛋白的磷酸化，最终引起认知损伤（Mattson，2004）。同样寡聚链Tau暴露会引起大鼠记忆损伤和Aβ表达水平升高，抑制大鼠海马脑片LTP诱导。Aβ异常聚集被认为是触发病理级联反应并导致AD发生的第一步。Aβ是由淀粉样蛋白前体（App）经由β-分泌酶（Bace-1）对N端剪切后，再由γ-分泌酶从C端剪切后产生的一段短肽，其中Aβ1-42是老年斑中的主要毒性成分，早老素（Ps）蛋白是γ-分泌酶的活性中心，而App和 *Ps* 突变会导致App异常剪切引起Aβ1-42生成增加聚集形成老年斑，进而导致突触数量减少对神经元造成损伤。有研究表明，Aβ会直接诱导Tau蛋白的过度磷酸化，Aβ能够使调节其磷酸化的蛋白激酶（GSK-3β）和蛋白磷酸酯酶（PP2A）失去相对平衡，从而导致其下游底物Tau蛋白发生异常磷酸化（Roberson et al.，2007）。淀粉样蛋白前体 *app* mRNA变化趋势和Aβ1-42的蛋白表达水平的变化相一致，在TT15组Aβ1-42的蛋白表达水平和 *app* mRNA表达水平均显著低于其他暴露组，这可能与神经保护机制相关。PFOS暴露激活在认知损伤过程中起保护作用的过氧化物酶体增殖物激活受体（PPARγ）的表达，而且有研究表明PPARγ的激动剂会减少小鼠脑中 Aβ1-42 的蛋白表达水平（Heneka et al. 2055）。激活 PPARγ 还会抑制 *bace-1* 启动子的活性，可以部分解释 TT15 组 *bace-1* mRNA 的表达升高的现象。PFOS 暴露引起 *ps-1* mRNA 表达下降可能由于 *ps-1* 不仅是 γ-分泌酶的功能中心，同时也参与扰乱内质网的钙调控，增加细胞内钙释放从而影响 App 的剪切过程。结果提示 PFOS 暴露引起 Aβ1-42 的蛋白表达水平上调可能主要是由于上调淀粉样蛋白前体的表达而实现的。

PFOS 暴露引起 AD 样变化的潜在机制可以从以下几方面阐明。首先，PFOS 暴露早已被证明会导致 $[Ca^{2+}]_i$ 增加，扰乱钙稳态，影响神经元的发育和功能。有研究表明 Aβ 和 Ca^{2+} 相互影响，而究竟谁是主要影响因素，它们之间的相互作用是否真正有效还有待进一步证明。同时，谷氨酸受体介导的兴奋性突触传递是调控突触可塑性和学习记忆方面的主要机制之一，也和神经退行性疾病的形成有关。其次，PFOS 会改变细胞膜的流动性和可透性，在 AD 患者中 App 剪切过程异常也与细胞膜流动性异常有关，这可能是 PFOS 暴露引起神经元细胞死亡的另一种解释。最后，转录因子 PPARγ 是 PFOS 的分子靶标，在 AD 发病过程中也起着重要的作用。环境毒物的暴露时间选择在引发发育神经毒性效应中起着决定性的作用。已从行为作用和分子终点等多方面证明胚胎期是 PFOS 引起神经毒性的关键时期。在本研究中，只在出生前暴露组 Tau 蛋白磷酸化水平和 Aβ 生成水平显著上调，与只在出生后暴露组及出生前后均暴露组的上调水平相当，提示 PFOS 胚胎期暴露的风险性。胎源性假说提出早期暴露与成年疾病发生之间的关系，PFOS 发育期暴露影响 AD 标志物 Tau 磷酸化和 Aβ 生成量，提示 PFOS 发育期暴露和成年后神经退行性疾病之间的潜在关联，为 PFOS 的神经毒性机理及其对健康风险评估提供依据。

根据前几章对 PFOS 影响学习记忆能力的神经机制的研究，可以得出 PFOS 发育期暴露主要通过影响 AMPA 受体亚基 GluR1 和 GluR2 在突触后膜上的分布，引起 AMPA 受体内化。GluR2 在突触后膜上表达降低会改变 AMPA 受体对钙离子的通透性，引起细胞外钙离子内流，钙超载导致细胞凋亡现象发生，并对 LTP 的诱导和维持过程产生影响。钙离子作为第二信使激活钙依赖性蛋白激酶，调节 AMPA 受体的运输分布，影响 LTP 的诱导和维持，改变 Tau 磷酸化表达。同时 Tau 蛋白磷酸化与 Aβ 聚集相互影响，Aβ 可以在膜上形成通道使钙离子通过，从而进一步促进钙调蛋白激酶的磷酸化作用。PFOS 引起细胞内钙离子浓度升高，抑制 LTP，促进 Tau 蛋白磷酸化和 Aβ 聚集，共同提示 PFOS 早期暴露对成年后 AD 的发病风险（图 4.37）。

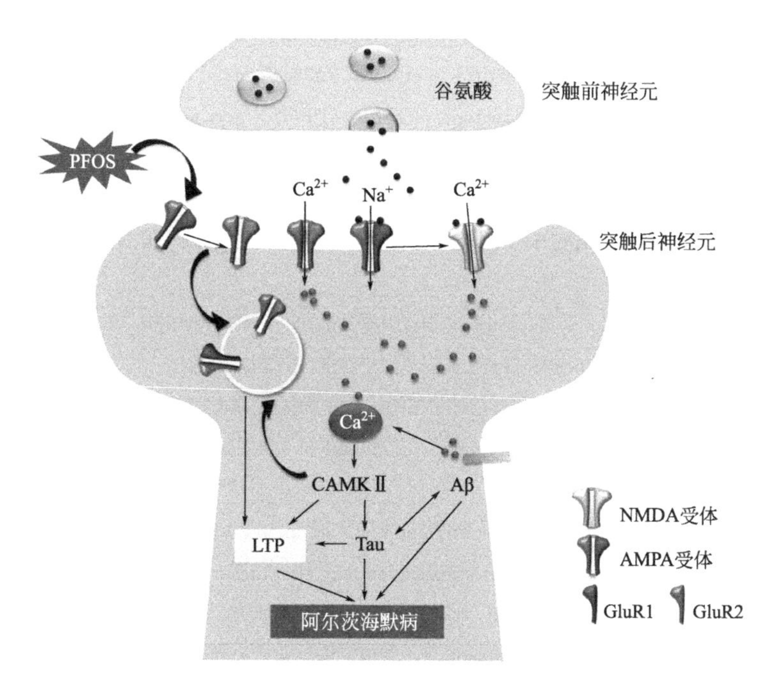

图 4.37　PFOS 引起神经损伤的机制及致病风险

参考文献

Barria A，Derkach V，Soderling T，1997. Identification of the Ca^{2+}/Calmodulin-dependent Protein Kinase Ⅱ Regulatory Phosphorylation Site in the α-Amino-3-hydroxyl-5-methyl-4-isoxazole-propionate-type Glutamate Receptor. Journal of Biological Chemistry，272（52）：32727-32730.

Butenhoff J L，Ehresman D J，Chang S，et al.，2009. Gestational and lactational exposure to potassium perfluorooctanesulfonate（K＋PFOS）in rats：developmental neurotoxicity. Reproductive Toxicology，27（3-4）：319-330.

Chung H J，Steinberg J P，Huganir R L，et al.，2003. Requirement of AMPA receptor GluR2 phosphorylation for cerebellar long-term depression. Science，300（5626）：1751-1755.

Cardenas A M，Ardiles A O，Barraza N，et al.，2012. Role of Tau protein in neuronal damage in alzheimer's disease and down syndrome. Archives of Medical Research，43（8）：645-654.

Dubey J，Ratnakaran N，Koushika S P，2015. Neurodegeneration and microtubule dynamics：Death by a thousand cuts. Frontiers in Cellular Neuroscience，9：343.

Fuentes S，Vicens P，Colomina M T，et al.，2007. Behavioral effects in adult mice exposed to perfluorooctane sulfonate (PFOS). Toxicology, 242 (1-3): 123-129.

Fei C, McLaughlin J K, Lipworth L, et al., 2008. Prenatal exposure to perfluorooctanoate (PFOA) and perfluorooctanesulfonate (PFOS) and maternally reported developmental milestones in infancy. Environ Health Perspect, 116 (10): 1391-1395.

Gorter J A, Bennett M, Zukin R S., 1997. The GluR2 (GluR-B) hypothesis: Ca^{2+}-permeable AMPA receptors in neurological disorders. Trends in Neurosciences, 20 (10): 464-470.

Giesy J P, Kannan, K, 2001. Global distribution of perfluorooctane sulfonate in wildlife. Environmental Science & Technology, 35 (7): 1339-1342.

Harada K, Xu F, Ono K, et al., 2005. Effects of PFOS and PFOA on L-type Ca^{2+} currents in guinea-pig ventricular myocytes. Biochemical and Biophysical Research Communications, 329 (2): 487-494.

Heneka M T, Sastre M, Dumitrescu-Ozimek L, et al., 2005. Acute treatment with the PPARγ agonist pioglitazone and ibuprofen reduces glial inflammation and Aβ1-42 levels in APPV717I transgenic mice. Brain, 128 (Pt 6): 1442-1453.

Johansson N, Fredriksson A, Eriksson P, 2008. Neonatal exposure to perfluorooctane sulfonate (PFOS) and perfluorooctanoic acid (PFOA) causes neurobehavioural defects in adult mice. Neurotoxicology, 29 (1): 160-169.

Johansson N, Eriksson P, Viberg H, 2009. Neonatal exposure to PFOS and PFOA in mice results in changes in proteins which are important for neuronal growth and synaptogenesis in the developing brain. Toxicological Sciences, 108 (2): 412-418.

Li S, 2003. Down-regulation of GluR2 is associated with Ca^{2+}-dependent protease activities in kainate-induced apoptotic cell death in culturd rat hippocampas neurons. Neuroscience Letters, 352 (2): 105-108.

Liao C Y, Cui L, Zhou Q F, et al., 2009. Effects of perfluorooctane sulfonate on ion channels and glutamate-activated current in cultured rat hippocampal neurons. Environmental Toxicology and Pharmacology, 27 (3): 338-344.

Liu X, Jin Y, Liu W, et al., 2011. Possible mechanism of perfluorooctane sulfonate and perfluorooctanoate on the release of calcium ion from calcium stores in primary cultures of rat hippocampal neurons. Toxicology In Vitro, 25 (7): 1294-1301.

Malinow R, Malenka R C, 2002. AMPA receptor trafficking and synaptic plasticity. Annual Review of Neuroscience, 25: 103-126.

Mattson M P, 2004. Pathways towards and away from Alzheimer's disease. Nature, 430 (7000): 631-639.

Nie J, Duan L, Yan Z, et al., 2013. Tau hyperphosphorylation is associated with spatial learning and memory after exposure to benzo [*a*] pyrene in SD rats. Neurotoxicity Research, 24 (4): 461-471.

Olsen G W, Burris J M, Mandel J H, et al., 1999. Serum perfluorooctane sulfonate and hepatic and lipid clinical chemistry tests in fluorochemical production employees. Journal of Occupational and Environmental Medicine, 41 (9): 799-806.

Olsen G W, Hansen K J, Stevenson L A, et al., 2003. Human donor liver and serum concentrations of perfluorooctanesulfonate and other perfluorochemicals. Environmental Science & Technology, 37 (5): 888-891.

Roberson E D, Scearce-Levie K, Palop J J, et al., 2007. Reducing endogenous tau ameliorates amyloid beta-induced deficits in an Alzheimer's disease mouse model. Science, 316 (5825): 750-754.

Reverte I, Klein A B, Domingo J L, et al., 2013. Long-term effects of murine postnatal exposure to decabromodiphenyl ether (BDE-209) on learning and memory are dependent upon APOE polymorphism and age. Neurotoxicology and Teratology, 40: 17-27.

Salehi A, Delcroix J-D, Mobley W C, 2003. Traffic at the intersection of neurotrophic factor signaling and neurodegeneration. Trends in Neurosciences, 26 (2): 73-80.

Smith W W, Gorospe M, Kusiak J W, 2006. Signaling mechanisms underlying Abeta toxicity: potential therapeutic targets for Alzheimer's disease. Cns & Neurological Disorders Drug Targets, 5 (3): 355-361.

Sadiq S, Ghazala Z, Chowdhury A, et al., 2012. Metal toxicity at the synapse: presynaptic, postsynaptic, and long-term effects [J]. Journal of toxicology, 2012: 132671.

Wenthold R J, Petralia R S, Ii B J, et al., 1996. Evidence for multiple AMPA receptor complexes in hippocampal CA1/CA2 neurons. Journal of Neuroscience the Official Journal of the Society for Neuroscience, 16 (6): 1982-1989.

Woodside B L, Borroni A M, Hammonds M D, et al., 2004. NMDA receptors and voltage-dependent calcium channels mediate different aspects of acquisition and retention of a spatial memory task. Neurobiology of Learning & Memory, 81 (2): 105-114.

Wang J Z, Liu F, 2008. Microtubule-associated protein tau in development, degeneration and protection of neurons. Progress in Neurobiology, 85 (2): 148-175.

Wang Y, Wang L, Liang Y, et al., 2011. Modulation of dietary fat on the toxicological effects in thymus and spleen in BALB/C mice exposed to perfluorooctane sulfonate. Toxicology Letters, 204 (2-3): 174-182.

Wang Y, Zhao H, Zhang Q, et al., 2015. Perfluorooctane sulfonate induces apoptosis of hippocampal neurons in rat offspring associated with calcium overload. Toxicol Res, 4 (4): 931-938.

Yang Y J, Chen H B, Wei B, et al., 2015. Cognitive decline is associated with reduced surface GluR1 expression in the hippocampus of aged rats. Neuroscience Letters, 591: 176-181.

Zucker R S，1989. Short-term synaptic plasticity. Annual Review of Neuroscience，12（1）：13-31.

Zhang H，Li X，Nie J，et al.，2013. Lactation exposure to BDE-153 damages learning and memory，disrupts spontaneous behavior and induces hippocampus neuron death in adult rats. Brain Research，1517：44-56.

第 5 章 全氟辛烷磺酸替代物的发展

PFOS 替代物的应用生产快速发展，目前的替代策略主要朝着降低含氟表面活性剂中氟元素比例、减少含氟碳链长度及插入 N 和 O 等杂原子等方向发展。PFOS 替代物的毒性研究资料较少，仅有初步研究表明 PFHxS 具有神经毒性，单次染毒导致自发行为和神经蛋白表达改变。对于氯代多氟醚基磺酸（Cl-PFAES，商品名 F-53B），目前仅有的毒性研究结果表明 Cl-PFAES 对斑马鱼的急性毒性与 PFOS 相当，而生物蓄积性甚至高于 PFOS，已受到国内外的广泛关注。研究发现 LTP 是 PFOS 神经毒性的关键靶标，并且抑制 LTP 是 PFOS 损伤学习记忆能力的重要机制。因此，选择几种典型的 PFOS 替代物，包括短碳链的全氟己烷磺酸（PFHxS）、全氟丁烷磺酸（PFBS）和在碳链中插入 O 原子的 Cl-PFAES，比较其与 PFOS 对 LTP 的影响，初步评估 PFOS 替代物损伤神经突触可塑性的潜能。通过急性侧脑室注射暴露记录在体大鼠海马 CA1 区兴奋性突触后电位（fEPSP）、输入输出（I/O）曲线和双脉冲易化（PPF），比较 PFOS 及其替代物暴露对大鼠海马在体 LTP 影响及潜在机理，分析典型全氟/多氟磺酸类化合物抑制 LTP 的结构-效应关系，为 PFOS 替代物的神经毒性研究提供科学依据。

5.1 PFOS 替代物的发展

随着 PFOS 的生产使用逐步受到限制或禁止，其替代化学品正在快速发展。PFOS 的替代品主要朝着降低含氟表面活性剂中氟元素比例、减少含氟碳链长度及插入 N 和 O 等杂原子等方向发展。短碳链的 PFHxS 和 PFBS 具有和 PFOS 相似的疏水疏油的特性，但更容易代谢出体外，被认为是 PFOS 理想的替代物。

PFHxS 在不同动物体内的半衰期与 PFOS 相近甚至高于 PFOS。PFHxS 具有生物蓄积性和生物放大功能，多项研究发现 PFHxS 在一般人群中以 μg 水平广泛分布。NHANES 报道在 2007～2008 年 12 岁儿童以及老年人血清中 PFHxS 的几何平均值为 1.96ng/mL（Kato et al.，2011），与 1999～2000 年 2.13ng/mL 相接近，说明在 1999～2008 年期间一般人群血清中 PFHxS 的浓度水平并没有明显的上升或下降。在母乳、脐带血和新生儿血液中都检测到 PFHxS 的存在，提示 PFHxS 可以透过胎盘屏障，通过母乳喂养传给子代。瑞典初生女性在 1996～2010 年间 PFHxS 的血清水平出现上升趋势，其暴露水平和亚洲 7 国母乳的调查研究中检测到的水平相当（Tao et al.，2008；Glynn et al.，2012）。动物实验研究表明 PFHxS 具有发育神经毒性，PFHxS单次暴露会引起PND 10的新生鼠自发性行为和认知功能紊乱，且具有剂量效应关系，同时还会改变大脑发育过程中起重要作用的神经蛋白的表达水平，如CaMKⅡ、GAP-43、突触蛋白和Tau蛋白（Lee和Viberg，2013）。

PFBS在急性哺乳动物口服和皮肤测试中表现为低毒性。在大鼠、猴子和人类的药代动力学研究中PFBS都会被快速排除。对雄性大鼠连续灌胃90天200mg/(kg·d)和600mg/(kg·d)PFBS会引起红细胞数量、血红蛋白浓度和红细胞比容减少的现象（Steve et al.，2002）。母鼠暴露后，PFBS也可以透过胎盘屏障对子代产生影响。在一个两代PFBS暴露的研究中，母鼠从交配前10周开始经口暴露，F1代从断奶后进行相同的暴露，F2代只通过母乳摄入不直接暴露PFBS，在出生后3周终止暴露。在300mg/(kg·d)和1000mg/(kg·d)的暴露组，出现肝脏重量增加和肝肥大发病率增加，以及在肾脏出现小突起。PFBS暴露不会引起其他生殖毒性，对子代的存活率没有显著影响。在水生动物中也没有出现生物蓄积性和毒性（Giesy et al.，2010）。Newsted等（2008）对野鸭和北美鹑进行PFBS急性和慢性毒性研究，对出生10天的雏鸟进行5天的急性暴露，没有观察到和暴露有关的死亡现象，与对照组相比，5620mg/kg和10000mg/kg暴露组体重增长率出现显著降低。在对成年鹌鹑进行21周的长期暴露试验中，没有出现和暴露有关的死亡率、体重、饲料消耗、组织病理或生殖参数的变化。关于PFBS的神经毒性研究较少，在斑马鱼幼鱼的暴露实验中发现，高浓度的PFBS会引起和PFOS相似的行为异常效应，如过度兴奋、游泳速度加快等。

Cl-PFAES在PFOS及其相关产品出现前就在我国电镀行业中作为中间抑制剂被广泛使用。Cl-PFAES在中国已使用超过30年，但其环境风险过去未引起重视。Wang等（2013）首次对Cl-PFAES的毒性、降解性以及环境表现进行了报道，在密闭瓶试验中Cl-PFAES的半致死浓度（LC_{50}）为15.5mg/L，被归为不易被降解类化合物，和PFOS属于同级。同时在中国温州镀铬工厂的废水和排入河流水中检测到较高浓度的Cl-PFAES，分别为43～78μg/L和65～112μg/L。废水处理厂不能有效去除Cl-PFAES，在表面水中含量为10～50ng/L，与PFOS在环境中的暴露水平相似。此外，Ruan等（2015）在城市污水污泥样品中也检测到了高浓度Cl-PFAES的存在。最近的研究发现，Cl-PFAES具有生物蓄积性，其在鲫鱼体内的生物累积因子超出常规生物体内积累的标准，显著高于PFOS。目前替代策略能否有效降低PFOS的环境健康风险仍然未知，还需加大对PFOS替代物的毒性评价研究。

5.2 PFOS 替代物对大鼠在体 LTP 的影响

PFOS 替代物的毒性研究资料较少，仅有初步研究表明 PFHxS 具有神经毒性，单次染毒导致自发行为和神经蛋白表达改变。

本节将研究 PFOS、PFHxS、PFBS、Cl-PFAES 对大鼠在体 LTP 的影响。详细的 CAS 编号，化学分子式及化学结构式见表 5.1。将各化合物溶于 2% DMSO，用生理盐水稀释至 10μmol/L 和 100μmol/L，备用。

表 5.1 PFOS 及其替代物

化学名称	CAS 编号	化学分子式	化学结构式
全氟辛烷磺酸钾 (PFOS 钾盐)	2795-39-3	$C_8F_{17}SO_3K$	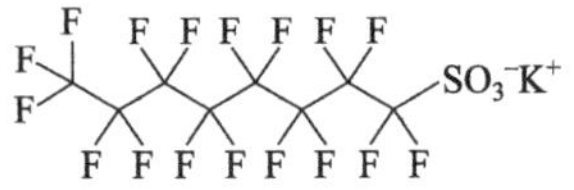 F F F F F F F F F $SO_3^-K^+$ F F F F F F F F
全氟己烷磺酸钾 (PFHxS 钾盐)	3871-99-6	$C_6F_{13}SO_3K$	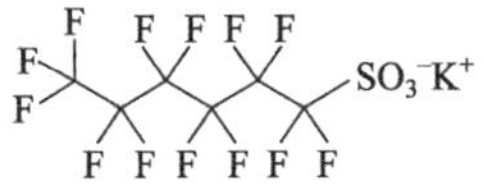 F F F F F F F $SO_3^-K^+$ F F F F F F
全氟丁烷磺酸钾 (PFBS 钾盐)	29420-49-3	$C_4F_9SO_3K$	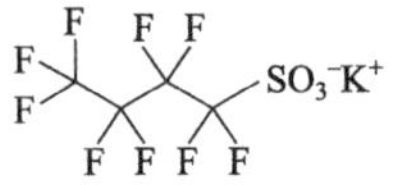 F F F F F $SO_3^-K^+$ F F F F
氯代多氟醚基磺酸钾 (Cl-PFAES 钾盐)	73606-19-6	$C_8ClF_{16}SO_4K$	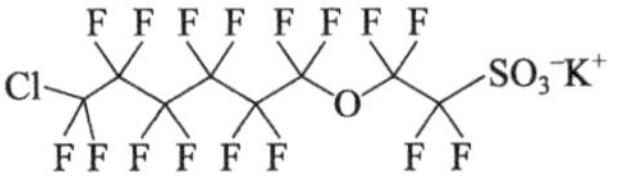 F F F F F F F F Cl O $SO_3^-K^+$ F F F F F F F F

5.2.1 PFOS 及其替代物对基础 fEPSP 的影响

将大鼠麻醉固定后，除在刺激电极和记录电极位置开孔，在侧脑室位置（前囟后 0.8mm，中线旁开 1.3mm，深度为颅骨下 4.1mm）钻孔备用（图 5.1）。将直径为 0.7mm 的不锈钢脑室套管插入已钻好的右侧侧脑室孔内，并用牙科水泥将其固定于颅骨上，待注射化合物时使用。在最佳 fEPSP 处记录基础 fEPSP 30min 后，用微量注射器将 5μL 化合物在 5min 内缓慢匀速注入大鼠侧脑室。PFOS、PFHxS、PFBS、Cl-PFAES 临用时现用生理盐水稀释，并用 0.22μm 滤膜抽滤，调 pH 值至 7.4。对照组使用含同等比例 DM-

SO 的生理盐水。待化合物作用 30min 后，以相同的刺激强度记录 fEPSP 30min。检测 I/O 曲线和 PPF，诱导 LTP，并记录 60min。详细步骤同 4.2.1 节。

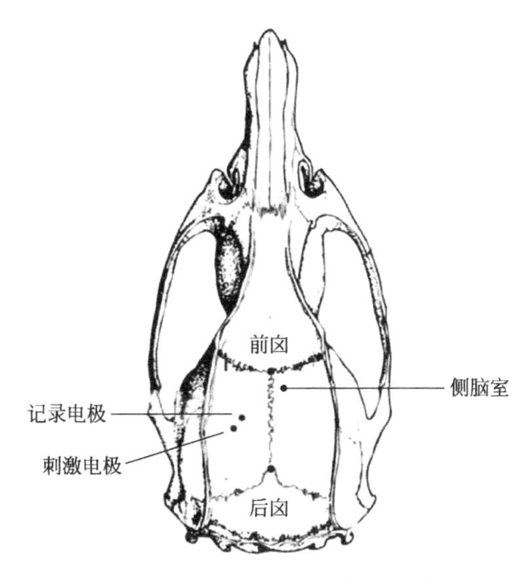

图 5.1　电极和注射暴露位置示意图

在观察 PFOS 及其替代物是否影响 LTP 之前，预先观察了不同化合物是否影响基础 fEPSP。结果见表 5.2，10μmol/L 和 100μmol/L 的 PFOS、PFHxS 和 PFBS 在侧脑室注射前后对 fEPSP 的幅值均没有显著影响，而侧脑室注射 Cl-PFAES 显著抑制基础 fEPSP，特别是 100μmol/L Cl-PFAES 极显著抑制基础 fEPSP 幅值，10μmol/L Cl-PFAES 较注射前轻微抑制基础 fEPSP 并且存在统计学意义。进一步延长记录时间至注射后 90min，发现 Cl-PFAES 对基础 fEPSP 的抑制作用持续存在且不可逆转（图 5.2）。提示 Cl-PFAES 对突触传递的影响可能与其他 PFCs 具有不同的作用机制。

表 5.2　PFOS 及其替代物对基础 fEPSP 的影响

组别	浓度/μmol/L	注射前	高频刺激前
对照	—	0.977±0.028	0.997±0.009
PFOS	10	0.991±0.012	1.035±0.019
	100	1.002±0.023	0.993±0.044
PFHxS	10	1.003±0.012	1.022±0.017
	100	0.995±0.003	0.948±0.059

续表

组别	浓度/μmol/L	注射前	高频刺激前
PFBS	10	1.005±0.003	1.039±0.032
	100	1.003±0.008	0.974±0.055
Cl-PFAES	10	1.010±0.002	0.961±0.008*
	100	0.990±0.029	0.849±0.015**

注：* 为 fEPSP 的幅值与注射前相比具有显著性差异（$p<0.05$）；* * 为 fEPSP 的幅值与注射前相比存在极显著性差异（$p<0.01$）。

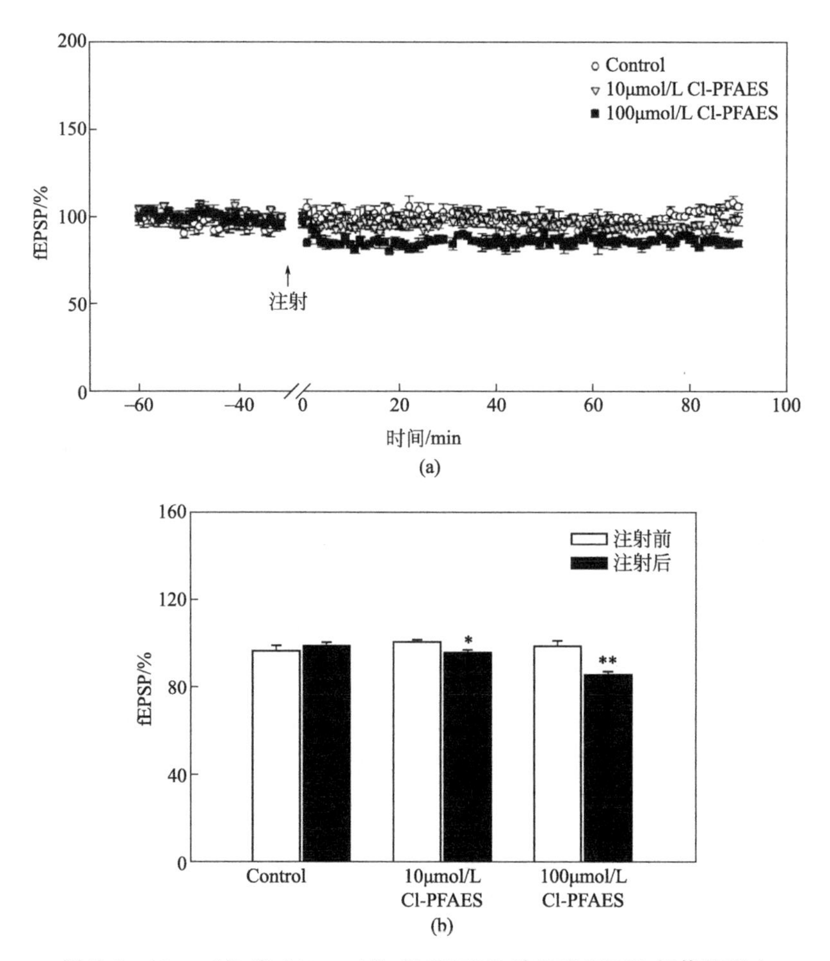

图 5.2 10μmol/L 和 100μmol/L Cl-PFAES 对基础 fEPSP 幅值的影响

(a) Cl-PFAES 注射前 30min 和注射后 90min 基础 fEPSP 幅值变化；

(b) 10μmol/L 和 100μmol/L Cl-PFAES 注射前后 fEPSP 均值的变化；*，$p<0.05$；* *，$p<0.01$

在 PCB153 和丙戊酸钠（VPA）在海马脑片的研究中也有相似的现象出现，基础 fEPSP 的幅值和 LTP 在化合物作用后均显著降低。PCB153 由于与 Ah 受体作用活性较低而被广泛认为具有较低毒性，而其对 LTP 的影响提示可能并非如此（Hussain et al.，2000）。VPA 是一种兴奋性毒物会引起发育中大鼠大脑产生凋亡现象，而较低的兴奋性神经传递可能是抑制基础波的原因。相比 PFOS 的化学结构，Cl-PFAES 的分子量更大，在碳链中含有一个醚基，这可能会增加化合物的疏水性和氟化链的灵活性，使得 Cl-PFAES 更容易和细胞膜的脂质双分子层结合（Sawada et al.，1995）。Wang 等（2013）研究发现 Cl-PFAES 的 LC_{50} 与 PFOS 接近，而 Cl-PFAES 的剂量效应曲线的斜率甚至还高于 PFOS。目前还缺乏 Cl-PFAES 相关人群暴露评价以及在哺乳动物和人类中的毒性动力学的数据。Cl-PFAES 相关的毒性研究还需进一步深入，本研究为其对神经系统的潜在毒性作用提供基础数据。

5.2.2 PFOS 及其替代物对 I/O 的影响

为检测 PFOS 及其替代物是否会影响大鼠海马 CA1 区的基本突触传递，在侧脑室注射化合物以后，检测 I/O 曲线。图 5.3a 和图 5.3b 显示了 10μmol/L 和 100μmol/L PFOS 及其替代物暴露后的 I/O 曲线。与对照组相比，10μmol/L 处理组刺激强度在 0.1～1.0mA fEPSP 幅值没有显著变化。100μmol/L 处理组在个别刺激强度点较对照组 fEPSP 幅值有下降，但没有统计学意义。

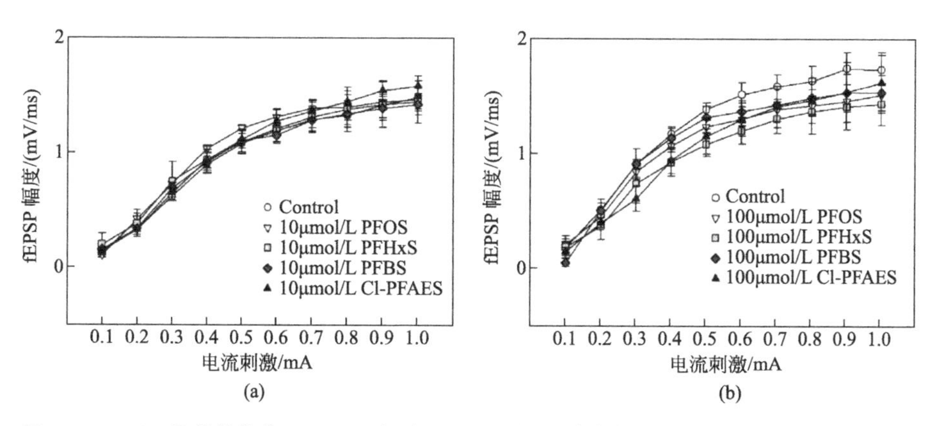

图 5.3 PFOS 及其替代物（10μmol/L 和 100μmol/L）对大鼠海马 CA1 区 I/O 曲线的影响
（a）10μmol/L PFOS 及其替代物；（b）100μmol/L PFOS 及其替代物

5.2.3 PFOS 及其替代物对 PPF 的影响

为了研究 PFOS 及其替代物对短时程的突触可塑性的影响，对不同 ISI 引起的 PPF 进行检测。如图 5.4 所示，所有组在 ISI 为 60 ms 处出现最大易化峰值，与对照组相比 10μmol/L 和 100μmol/L PFOS 及其替代物在最大易化峰值处没有显著性差异。与 PFOS 发育期暴露不同，PFOS 及其替代物急性侧脑室注射对 I/O 和 PPF 没有显著影响，说明急性暴露对海马谢弗侧支-CA1 的突触传递无影响，提示发育期暴露对 LTP 的影响作用更强。然而，Liao 等（2008）发现 400μmol/L PFOS 作用于大鼠海马脑片会影响其突触传递，这可能和暴露剂量及实验手段有关，与在体电生理实验相比，离体海马脑片在研究污染物对中枢神经系统离子通道的影响是非常有效的。

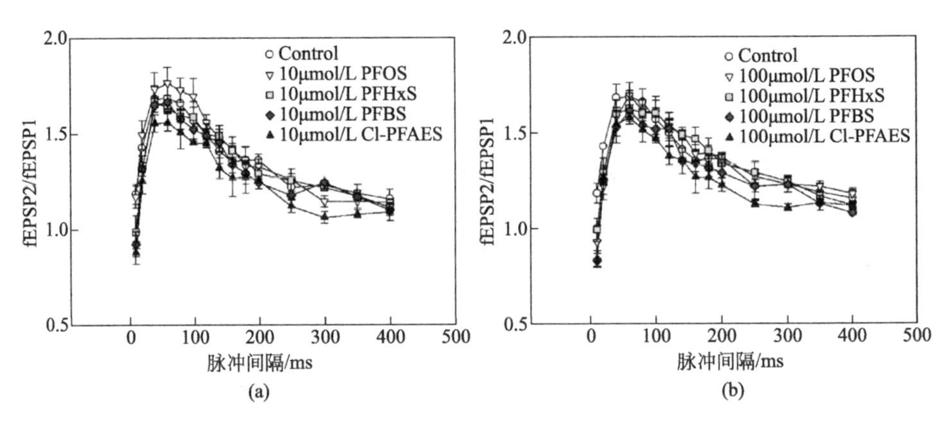

图 5.4　PFOS 及其替代物（10μmol/L 和 100μmol/L）对大鼠海马 CA1 区 PPF 的影响
（a）10μmol/L PFOS 及其替代物；（b）100μmol/L PFOS 及其替代物

5.2.4　PFOS 及其替代物对大鼠在体 LTP 的影响

通过侧脑室注射 PFOS 及其替代物，观察不同浓度 PFOS 及其替代物急性暴露对大鼠海马 CA1 区在体 LTP 的影响。图 5.5 所示为 HFS 前后不同化合物对 fEPSP 波形影响的原始轨迹图，其中实线代表 HFS 之前的 fEPSP 轨迹，虚线代表 HFS 诱导 LTP 后的 fEPSP 轨迹。

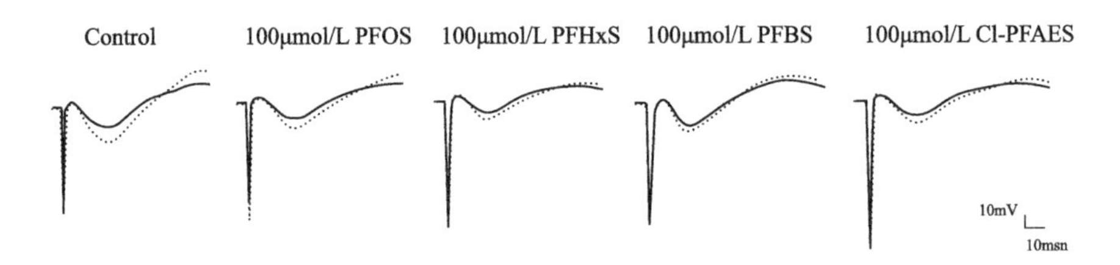

图 5.5　HFS 诱导前后 PFOS 及其替代物对 LTP 影响的代表性原始轨迹

如图 5.6 所示，A～D 分别为 PFOS、PFHxS、PFBS 和 Cl-PFAES 在 HFS 诱导 LTP 前后的统计图。在 HFS 诱导后，fEPSP 幅值即刻增大至基线的1.9～2.3倍，之后随时间出现不同程度下降。在刺激后60min，对照组fEPSP幅值仍维持在基线的140%以上，除10μmol/L Cl-PFAES组，其他组都表现出明显的LTP抑制现象并具有剂量依赖效应。对HFS后60min的fEPSP平均幅值进行统计（图5.7），结果显示在低剂量处理组PFOS和PFHxS抑制fEPSP幅值，但是没有统计学意义。而高剂量处理组PFOS、PFHxS和Cl-PFAES与对照组相比都显著地抑制了fEPSP幅值。其中，PFHxS和Cl-PFAES低剂量组和高剂量组之间也具有显著性差异。在图5.6c中显示PFBS对LTP有抑制现象，在HFS后60min没有显著性的改变。

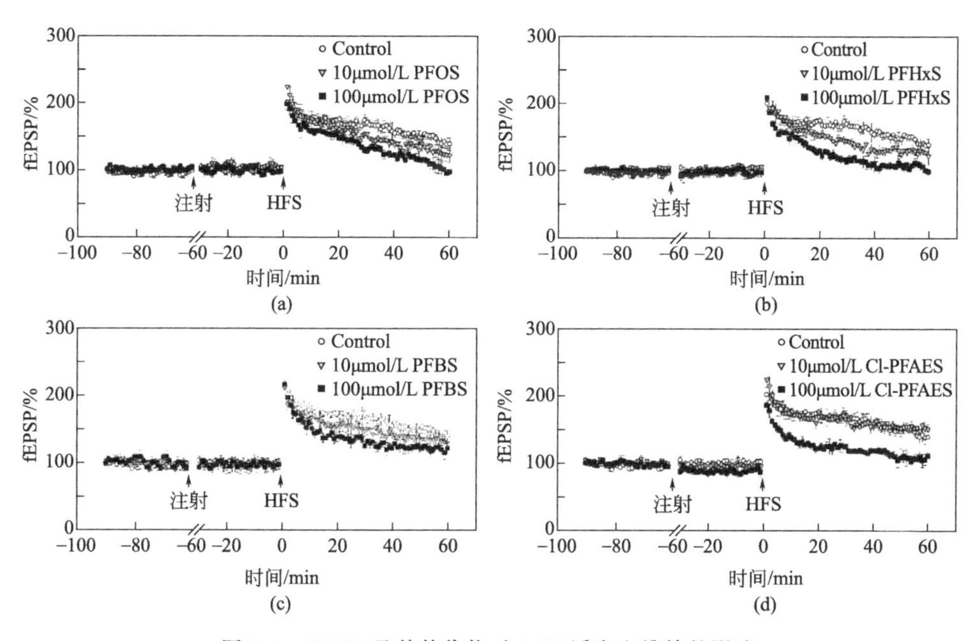

图5.6　PFOS及其替代物对LTP诱发和维持的影响

(a) PFOS；(b) PFHxS；(c) PFBS；(d) Cl-PFAES

PFOS及其替代物对LTP的损伤与之前行为学研究报道的结果相一致的。Fuentes等（2007）对成年小鼠连续灌胃4周3mg/(kg·d)的PFOS，在水迷宫探索实验中小鼠在目标象限停留时间显著缩短，Johansson等（2008）对PND10小鼠单次暴露PFOS观察到明显的过度活跃及自发行为缺陷等现象。我们的前期研究也发现PFOS出生前和出生后暴露会导致大鼠逃避潜伏期延长，空间学习记忆能力下降。虽然关于LTP和行为学改变之间的关系还不清楚，但我们的观察为这些改变提供了细胞依据。

目前，关于PFOS替代物的毒性研究资料还相对较少。本研究发现PFHxS对LTP的抑制作用与PFOS作用相当，这与之前行为学及神经蛋白

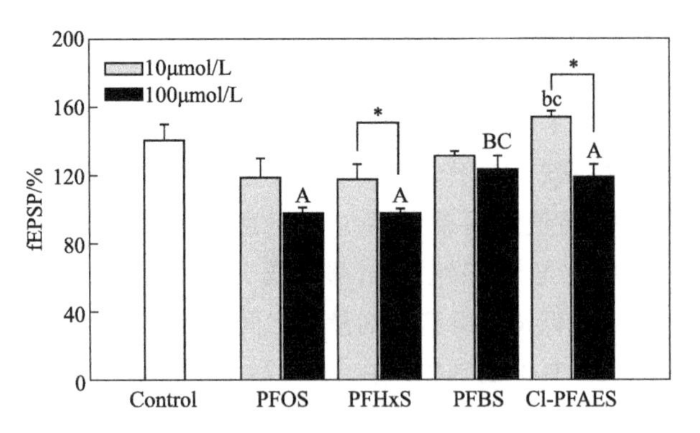

图 5.7 PFOS 及其替代物在 HFS 后 60min 对 fEPSP 的影响

小写字母代表 PFOS 及其替代物低剂量组（10μmol/L）与对照组相比具有显著性差异（$p<0.05$）；
大写字母代表 PFOS 及其替代物高剂量组（100μmol/L）与对照组相比具有显著性差异（$p<0.05$）；
* 代表相同化合物不同剂量组之间具有显著性差异

水平的变化趋势是相一致的。Viberg 等（2013）发现对新生鼠单次暴露 PFHxS 会影响其成年后的自发行为和认知功能，而且还影响 CaMKⅡ、GAP-43、突触小泡蛋白和 Tau 蛋白这些在脑发育过程中起重要作用的神经蛋白的表达，这些研究结果与本研究结果都提示 PFHxS 与 PFOS 具有相似的神经毒性潜能和作用机制。与其他三种化合物相比 PFBS 对 LTP 只造成较微弱的的损伤。PFBS 蓄积性较弱，其引起同等程度的肝毒性的最小剂量比 PFOS 大约低 600 倍（Olsen et al.，2007）。在连续 90 天灌胃暴露 600mg/(kg・d) 的 PFBS 研究中，在功能观察组合试验中没有出现异常的行为，只出现轻微的血红细胞数、血红细胞比容及血红蛋白减少现象。

消除动力学被认为是不同 PFCs 同系物影响毒性潜能的主要决定因素，而消除速率主要和碳链的长度有关（Conder et al.，2008）。PFOS 在人血清中的半衰期为 1751 天，而 PFHxS 和 PFBS 的半衰期分别为 2662 天和 25.8 天（Olsen et al.，2008）。虽然消除速率在急性暴露的 LTP 实验中并不是主要因素，而疏水性及相应的生物活性可能是其中重要的原因。不同的 PFCs 化合物生物蓄积性和毒性均与碳链长度有关，已有研究证明，在哺乳动物和水生生物中 C7～C8 的 PFCs 较 C4～C6 更具风险（Goecke et al.，1996）。结合本研究结果，鉴于 PFOS 和 PFHxS 比 PFBS 对 LTP 损伤方面均具有较高的潜能，提示需要更加注重长碳链 PFCs 引发神经毒性的潜能。

PFOS 及其替代物造成 LTP 损伤的潜在机理可能和许多因素有关。首先，高浓度的 Ca^{2+} 在诱导 LTP 过程中是必需的，而 Ca^{2+} 的来源可能是通过钙离子电压通道、受体通道以及内源性钙库通道进入，而 PFOS 引起的钙紊乱可能会造成 LTP 的损伤。其次，PFOS 会影响钙离子钙调蛋白依赖性蛋白激酶Ⅱ（CaMKⅡ）和PKC的表达水平，而这些激酶在LTP的诱导和维持过程中起着决定性的作用。再次，PFOS暴露会影响谷氨酸受体的表达，NMDA受体的激活以及随之引起的突触后细胞钙离子内流是LTP诱导过程中所必需的，AMPA受体在参与细胞内钙离子的调控影响LTP维持的过程中起着重要作用。最后，PFOS也可能是通过扰乱甲状腺功能而间接影响学习记忆能力，在动物和人类的研究中都发现甲状腺功能减退会抑制LTP，而PFOS暴露会显著地抑制大鼠体内自由甲状腺素的水平。

参考文献

Conder J M，Hoke R A，Wolf W D，et al.，2008. Are PFCAs bioaccumulative? A critical review and comparison with regulatory criteria and persistent lipophilic compounds. Environmental Science & Technology，42（4）：995-1003.

Fuentes S，Vicens P，Colomina M T，et al.，2007. Behavioral effects in adult mice exposed to perfluorooctane sulfonate（PFOS）. Toxicology，242（1-3）：123-129.

Hussain R J，Gyori J，Decaprio A P，et al.，2000. In vivo and in vitro exposure to PCB 153 reduces long-term potentiation. Environmental Health Perspectives，108（9）：827.

Goecke Flora C M，Reo N V，1996. Influence of carbon chain length on the hepatic effects of perfluorinated fatty acids. A 19F-and 31P-NMR investigation. Chemical Research in Toxicology，9（4）：689-695.

Giesy J P，Naile J E，Khim J S，et al.，2010. Aquatic toxicology of perfluorinated chemicals. Reviews of Environmental Contamination & Toxicology，202：1-52.

Glynn A，Berger U，Bignert A，et al.，2012. Perfluorinated alkyl acids in blood serum from primiparous women in Sweden：serial sampling during pregnancy and nursing，and temporal trends 1996-2010. Environmental Science & Technology，46（16）：9071-9079.

Johansson N，Fredriksson A，Eriksson P，2008. Neonatal exposure to perfluorooctane sulfonate（PFOS）and perfluorooctanoic acid（PFOA）causes neurobehavioural defects in adult mice. Neurotoxicology，29（1）：160-169.

Kato K，Wong L Y，Jia L T，et al.，2011. Trends in exposure to polyfluoroalkyl chemicals in the US population：1999-2008. Environmental Science & Technology，45（19）：8037-8045.

Liao C，Li X，Wu B，et al.，2008. Acute enhancement of synaptic transmission and chronic inhibition of synaptogenesis induced by perfluorooctane sulfonate through mediation of voltage-dependent calcium channel. Environmental Science & Technology，42（14）：5335-5341.

Lee I，Viberg H，2013. A single neonatal exposure to perfluorohexane sulfonate（PFHxS）affects the levels of important neuroproteins in the developing mouse brain. Neurotoxicology, 37 (1): 190-196.

Newsted J L, Beach S A, Gallagher S P, et al., 2008. Acute and chronic effects of perfluorobutane sulfonate (PFBS) on the mallard and northern bobwhite quail. Archives of Environmental Contamination & Toxicology, 54 (3): 535-545.

Olsen G W, Burris J M, Ehresman D J, et al., 2007. Half-life of serum elimination of perfluorooctanesulfonate, perfluorohexanesulfonate, and perfluorooctanoate in retired fluorochemical production workers. Environmental Health Perspectives, 115 (9): 1298-1305.

Ruan T, Lin Y, Wang T, et al., 2015. Identification of novel polyfluorinated ether sulfonates as PFOS alternatives in municipal sewage sludge in china. Environmental Science & Technology, 49 (11): 6519-6527.

Sawada H, Sumino E, Oue M, et al., 1995. Synthesis and surfactant properties of novel acrylic acid oligomers containing perfluoro-oxa-alkylene units: an approach to anti-human immunodeficiency virus type-1 agents. Journal of Fluorine Chemistry, 74 (1): 21-26.

Steve T, David S, Steve T, et al., 2002. A 90-day oral gavage toxicity study of D-methylphenidate and D, L-methylphenidate in Sprague-Dawley rats. Toxicology, 179 (3): 183-196.

Tao L, Ma J, Kunisue T, et al., 2008. Perfluorinated Compounds in Human Breast Milk from Several Asian Countries, and in Infant Formula and Dairy Milk from the United States. Environmental Science & Technology, 42 (22): 8597-8602.

Viberg H, Lee I, Eriksson P, 2013. Adult dose-dependent behavioral and cognitive disturbances after a single neonatal PFHxS dose. Toxicology, 04 (1): 185-191.

Wang S, Huang J, Yang Y, et al., 2013. First report of a Chinese PFOS alternative overlooked for 30 years: its toxicity, persistence, and presence in the environment. Environmental Science & Technology, 47 (18): 10163-10170.